Brauchen Frauen eine andere Mathematik?

Regine Komoss
Axel Viereck
(Hrsg.)

Brauchen Frauen eine andere Mathematik?

Dokumentation des Symposiums am 18./19. Oktober 2002
in Bremen

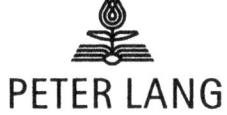

PETER LANG
Frankfurt am Main · Berlin · Bern · Bruxelles · New York · Oxford · Wien

Bibliografische Information Der Deutschen Bibliothek
Die Deutsche Bibliothek verzeichnet diese Publikation in der
Deutschen Nationalbibliografie; detaillierte bibliografische
Daten sind im Internet über <http://dnb.ddb.de> abrufbar.

Erstellt in Zusammenarbeit mit der
Heinrich Böll Stiftung Bremen.

ISBN 3-631-50687-2
© Peter Lang GmbH
Europäischer Verlag der Wissenschaften
Frankfurt am Main 2003
Alle Rechte vorbehalten.

Das Werk einschließlich aller seiner Teile ist urheberrechtlich
geschützt. Jede Verwertung außerhalb der engen Grenzen des
Urheberrechtsgesetzes ist ohne Zustimmung des Verlages
unzulässig und strafbar. Das gilt insbesondere für
Vervielfältigungen, Übersetzungen, Mikroverfilmungen und die
Einspeicherung und Verarbeitung in elektronischen Systemen.

www.peterlang.de

Vorwort

„Brauchen Frauen eine andere Mathematik?"

Unter dieser provokativen Fragestellung luden die Hochschule Bremen und das „Bündnis Frauenstudiengänge in Deutschland" am 18./19.Oktober 2002 zu einer Tagung in die Hochschule Bremen ein. Das „Bündnis Frauenstudiengänge in Deutschland" ist ein Zusammenschluss aller derzeit in Deutschland existierenden Frauenstudiengänge, das sich zum einen das Ziel gesetzt hat, über Frauenstudiengänge zu informieren und zum anderen Maßnahmen diskutieren und anregen will, die zu einer Attraktivitätssteigerung von technischen Studiengängen für Frauen beitragen können.

Denn nicht erst seit der PISA-Studie ist bekannt, dass Mädchen zwar mittlerweile bessere Leistungen in der Schule erbringen, dass sie aber ab etwa der Mittelstufe ihr Interesse an Mathematik und anderen technischen Fächern verlieren. Obwohl heute Mädchen kompetent und karriereorientiert sind, hat sich an den geschlechtstypischen Interessensausprägungen nicht viel geändert. Die Interessen der jungen Frauen schlagen sich dann im Studienwahlverhalten nieder: Im WS 2001/02 betrug der Anteil der Studienanfängerinnen im Fach Wirtschaftsingenieurwesen 15,8%, in der Informatik waren es 14,9%. Fächer mit einem stärkeren technischen Bezug hatten nochmals einen deutlich geringeren Frauenanteil (z.B. die Technische Informatik mit 6,5% Frauenanteil)[1].

Das Organisationskomitee bereitete „Zwölf Thesen zur Attraktivitätssteigerung technischer Studiengänge" vor. Auf der Tagung sollte nun näher untersucht werden, warum Mädchen den Spaß an Naturwissenschaft und Technik verlieren. Darüber hinaus sollte überlegt werden, wie ein technisches Studium gestaltet werden müsste, das Interesse am und Motivation für das Studium fördert. Die Fragestellung, ob Frauen eine andere Mathematik brauchen, sollte dabei nicht nur provozieren, sondern auch ein breites Spektrum an Sichtweisen und Beiträgen ermöglichen. Thematisiert werden sollten Ansätze, die

1. die Lehrinhalte technischer Studiengänge hinterfragen: D.h. aufgezeigt werden sollte, welche Genderkonstrukte in die technischen Studiengängen verwoben sind und welche Ausschlussmechanismen sie produzieren und es sollte danach gefragt werden, wie die Auswahl der Lerninhalte das Interesse von Studierenden beeinflusst.

2. die Lernumgebung berücksichtigen: Es sollte darauf eingegangen werden, welche Lernumgebungen (z.B. in Hinblick auf Größe von Veranstaltungen, Betreuungsrelationen) förderlich und welche hinderlich sind

---

1   Alle Angaben: Statistisches Bundesamt

3. die Methodik/Didaktik miteinbeziehen: Es sollte z.B. danach gefragt werden, ob es unterschiedliche Herangehensweisen von Männern und Frauen an technische Fragestellungen gibt, bzw. in wie weit Kontext- und Anwendungsorientierung für die Attraktivitätssteigerung von technischen Studiengängen relevant sind.

Ausgewählt wurden Beiträge von AutorInnen, die sich anhand eines konkreten Projektes mit einer oder mehreren dieser Fragestellungen beschäftigten. Die in diesem Band dokumentierten teilweise sehr unterschiedlichen Ansätze zeigen eine Vielfalt von Schritten und Maßnahmen auf, die zu einer geschlechtersensitiven Gestaltung von technischen Studiengängen führen. Die vielfältigen Initiativen und Maßnahmen stehen jedoch nicht in einem Widerspruch zueinander sondern ergänzen sich. Es gibt keinen „Königinnenweg" sondern nur unterschiedliche Strategien, die in einem jeweils unterschiedlichen Kontext und von jeweils unterschiedlichen Akteuren/Akteurinnen gewählt werden können.

Wir möchten uns an dieser Stelle ganz herzlich bei den AutorInnen und TeilnehmerInnen der Tagung bedanken, sowie bei denen, die durch ihre finanzielle Unterstützung die Tagung und diesen Tagungsband ermöglicht haben. Dies waren: die Volkswagen Stiftung, die Heinrich-Böll-Stiftung Bremen, das Kompetenzzentrum "Frauen für Naturwissenschaft und Technik" in Greifswald und die Wolfgang-Ritter-Stiftung.

Regine Komoss
Axel Viereck

Inhaltsverzeichnis

Vorwort — 5
Regine Komoss, Axel Viereck

Inhaltsverzeichnis — 7

12 Thesen zur Attraktivitätssteigerung technischer Studiengänge — 9
Andrea Buchheim, Carmen Gransee, Regine Komoss, Ulrike Schleier, Axel Viereck

Effekte geschlechtersensitiver Bildung in Zukunftstechnologien - Hintergrund und Ansätze einer Längsschnittstudie — 15
Gabriele Winker, Andrea Wolffram, Iris Tinsel

Wie Frauen zu Informatikerinnen werden – Ein Bericht über den Internationalen Frauenstudiengang Informatik an der Hochschule Bremen — 29
Regine Komoss

Perspektiven für die wissenschaftliche Weiterqualifizierung von Ingenieurinnen und die Innovation der Lehre an Fachhochschulen — 43
Christiane Erlemann, Ulla Ruschhaupt

Mathe-Lernen in der Praxis — 55
Manfred Berger, Angela Schwenk

Admina – ein etwas anderes Tutorium — 69
Irina L. Marinescu, Beate Orlowski, Heike Wagner

Die Mathematik braucht Frauen! Mit Ada-Lovelace-Mentoring Frauen als „Change Agents" für mathematische, naturwissenschaftliche und technische Studiengänge gewinnen — 83
Sylvia Neuhäuser-Metternich

Women in Computing - an Irish Perspective — 95
Averil Meehan, Paul McCusker

Über die Verschiebung der Aufmerksamkeit vom Kalkül zur Modellbildung. Lehr- und Lernroutinen in der Mathematik — 105
Barbara M. Grüter

Mathe – Mädchen – Multimedia 119
Elisabeth Frank

Mainstreaming gender into the science curriculum - Plädoyer für eine 123
Erweiterung der Perspektive auf „Frauen und Naturwissenschaften"
Dorit Heinsohn

Lehrveranstaltungen zur Frauen- und Geschlechterforschung für 135
Studierende der Physik - drei Beispiele aus der Universität Hamburg
Helene Götschel

Teaching Computer Skills: A Gendered Approach 147
Ingrid Wetzel

Andrea Buchheim, Carmen Gransee, Regine Komoss, Ulrike Schleier, Axel Viereck

Zwölf Thesen zur Attraktivitätssteigerung technischer Studiengänge

1. **Die Zusammenarbeit zwischen Schulen und Hochschulen muss sich intensivieren, um beim Übergang von der Schule zur Hochschule Zugangsbarrieren zu den Technikwissenschaften abzubauen.**

Nur mit einem Bündel ineinandergreifender Maßnahmen lässt sich die Attraktivität technischer Studiengänge für junge Frauen steigern – Informations- und Werbekampagnen alleine reichen nicht aus. Perspektivisch wünschenswert wäre daher eine engere und verzahnte Zusammenarbeit zwischen Schulen und Hochschulen, Projektleitungen von Modellversuchen und vermittelnden Institutionen wie den BIZ der Arbeitsämter.

2. **Hochschulwerbung für technische Studiengänge muss auf ihre Geschlechtsneutralität überprüft werden. Frauen müssen genauso selbstverständlich wie Männer in der Hochschulwerbung auftauchen, sie dürfen weder als „defizitäre" Gruppe noch als „Superfrauen" dargestellt werden.**

Eine immer wieder gestellt Frage lautet: Wie soll eine speziell Frauen ansprechende Werbung für zukunftsweisende Studienrichtungen aussehen? Unterschiedlichste Konzepte wurden bislang ausprobiert[1]. Nach den bisherigen Erfahrungen (bspw. in Wilhelmshaven) gibt es einige Anhaltspunkte für ein gutes Hochschulmarketing:

a Die Zielgruppe Frauen muss ausdrücklich angesprochen werden, um sie überhaupt erreichen zu können – das war in der Vergangenheit nicht selbstverständlich.

b Geschlechtstypisierende Zuschreibungen (wie etwa die Betonung der „Soft Skills von Frauen") sollten dabei vermieden werden, weil sie Frauen wiederum auf nichtfachliche Fähigkeiten eingrenzen.

c Über die anvisierte Öffnung von Männerdomänen für Frauen hinaus lässt sich fachliches Interesse vorwiegend über fachliche Informationen wecken. Frauen interessieren sich i.d.R. für ein qualitativ hochwertiges Studium. Sie wollen weder „Nachhilfeunterricht" erteilt bekommen noch zur „Neuen weiblichen Elite" gehören.

---

[1] Vgl. etwa die Werbekampagnen des BMBF "Be.ing" (www.be-ing.de) und "be.it" (www.werde.informatikerin.de).

3. **Fachkulturen müssen überprüft werden, inwieweit durch Technikvorstellungen und Lehrinhalte Geschlechterklischees transportiert werden. Eine Identifikation mit der jeweiligen Fachkultur muss für Frauen und Männer gleichermaßen möglich sein.**

Langfristig gesehen müssen daher auch fachkulturelle Standards auf ihre Geschlechtsneutralität hin überprüft werden. Dazu zählen nicht nur frauendiskriminierende Beispiele, sondern das Image technischer Fachkulturen in einer sehr grundlegenden Weise: männlich konnotierte Technikvorstellungen gilt es ebenso zu hinterfragen wie die Zuschreibung geschlechtstypisierender Technikkompetenzen. Eine notwendige Transformation der Fachkulturen betrifft Studieninhalte, Arbeitsstile, Kommunikationsformen, Bilder, etc.

4. **Technische Studiengänge müssen die soziale Integration der Studierenden fördern. Ein unpersönliches, technokratisches Lernklima ist ungeeignet, um Studierende, v.a. Frauen, im Studium zu motivieren.**

Eine technokratische Studienatmosphäre, die zumeist auf einen konfrontativen Stil in überfüllten Hörsälen zurückgeht, ist für männliche wie weibliche Studierende gleichermaßen unattraktiv und demotivierend. Die vielfach geforderte Teamfähigkeit kann bereits im Studium in kleineren Projektgruppen eingeübt werden und zum gemeinsamen Lernen motivieren. Spaß muss erlaubt sein.

5. **Um den Zusammenhang von Geschlechterzuschreibungen und Technikkompetenzen zu durchbrechen, müssen Hochschulen die Geschlechterparität beim Lehrpersonal (v.a. in den technischen Studiengängen) forcieren.**

Der Anteil weiblicher Lehrender in den Technik- und Naturwissenschaften ist nach wie vor verschwindend gering. Um Männerdomänen nicht nur symbolisch für Frauen zu öffnen, bedarf es einer gezielten Einstellungspolitik, die eine Erhöhung der Berufung weiblicher Lehrender intendiert. Die Formel "Frauen sollen bei gleichwertiger Qualifikation bevorzugt berücksichtigt werden" wird Frauen nur dann eine reelle Chance verschaffen, wenn die unbewussten oder unausgesprochenen, an die Normen einer männlich geprägten Fachkultur angelehnten Zuschreibungen, die dem Begriff der "Qualifikation" jenseits von objektiver Messbarkeit innewohnen, aufgedeckt und ausgeräumt werden. Es gilt, die Gratwanderung zwischen dem Bestehen auf Gleichwertigkeit und der Berücksichtigung historisch entstandener Differenzen zu wagen.

Zwölf Thesen zur Attraktivitätssteigerung technischer Studiengänge 11

6. **Monoedukative Studiengänge beenden die Minderheitensituation von Frauen in technischen Studiengängen. Sie bieten zudem die Chance, ein anderes Selbstkonzept in Hinblick auf Technik zu entwickeln.**

Die bundesweit ersten Erfahrungen mit der Monoedukation in Stralsund, Bremen, Bielefeld und Wilhelmshaven haben gezeigt, dass Frauen ggf. vorhandene Hemmschwellen mit Blick auf die Technik abbauen können, weil sie die Studienatmosphäre unter Frauen als lernfördernd und kooperativ empfinden. Neue Erfahrungen, die sich von geschlechtstypisierenden Kompetenzzuschreibungen abheben und fachliches Zutrauen werden somit gefördert.

7. **Monoedukation allein reicht nicht, um Frauen für technische Studiengänge zu motivieren, ein technischer Studiengang muss zusätzlich ein eigenständiges, für Frauen attraktives Profil hinsichtlich Studienformen und Studieninhalten aufweisen.**

Das Dilemma dieser Aussage ist bekannt: Mit einem besonderen Studiengang für Frauen ist die Gefahr der Feminisierung und damit der Abwertung verbunden. Zudem scheinen damit geschlechtertypisierende Zuschreibungen zementiert zu werden. Dennoch ist es notwendig, mit einem eigenen Profil deutlich zu machen, dass es nicht um den Abbau von Defiziten, sondern um die Stärkung von Kompetenzen geht. Die Monoedukation in einem solchen attraktiven Studiengang begründet sich aus der daraus resultierenden Chance, ein anderes Selbstkonzept in Hinblick auf Technik zu entwickeln, andere Möglichkeiten einer Fachkultur zu entdecken und Reformen in Gang zu setzen, die beispielhaft auch für koedukative Studiengänge wirken können.

8. **Theorie und Praxis gehören immer zusammen: Die Trennung von abstrakten theoretischen Grundlagen im Grundstudium von praktischen Inhalten im Hauptstudium ist aufzugeben zugunsten einer Mischung von Theorie und Praxis ab dem ersten Semester.**

Der Begriff "praxisorientiert" wird sehr unterschiedlich benutzt. Im Zusammenhang mit Lehrformen steht er synonym zu "exemplarisch", "handlungsorientiert" (s. These 9). Im Zusammenhang mit Studiengängen wird er synonym zu "im Berufsleben direkt verwertbar" benutzt. Zudem hängt die Zuordnung der Begriffe "Theorie" und "Praxis" sehr stark von der individuellen Position innerhalb einer Wissenschaft ab. Wenn besonders Frauen über einen fehlenden Praxisbezug klagen, dann könnte das einerseits mit ihrer geringeren Vorerfahrung mit Technik zu tun haben. Es könnte aber auch ein Hinweis darauf sein, dass sie stärker an einer Kontextualisierung des Wissens interessiert sind als die männlichen Studierenden.

9. **Hochschullehrende aus technischen Studiengängen müssen sich didaktisch und methodisch weiterbilden, um die Schlagworte „aktivierende und handlungsorientierte Lehr- und Lernformen" mit Inhalt zu füllen.**

Aktivierende und handlungsorientierte Lehr- und Lernformen kommen in technischen Studiengängen durchaus vor. In den Gesellschafts- und Sozialwissenschaften gibt es z.b. weniger Praktika, kein Material zum Anfassen, es wird weniger visualisiert. Dort ist der Frauenanteil sehr groß und die Frauen scheinen damit gut zurechtzukommen. Eine Erklärung könnte im Selbstkonzept der Frauen begründet sein. Fachliche Vorerfahrungen und Qualifikationen müssen nicht deckungsgleich sein mit dem Selbstvertrauen in die fachlichen Fähigkeiten. Weil Frauen ihre technischen Kenntnisse oftmals unterschätzen, werden von ihnen eher handlungsorientierte Bezüge gewünscht, um praktische Technikkompetenzen zu erwerben. Die Lehre ist in technischen Studiengängen durch jahrzehntelange Tradition in ihrer Methodik durch männliche Zuhörer geprägt worden. Eine frauenansprechende Methodik müsste das Problem einer ggf. real vorhandenen oder selbst- bzw. fremdzugeschriebenen Technikdistanz reflektieren.

10. **Technische Studiengänge müssen nicht nur fundierte fachliche Inhalte vermitteln, sondern auch internationale und soziale Kompetenzen (z.B. Kommunikationsfähigkeit).**

Die Vermittlung solcher Kompetenzen macht technische Studiengänge für Frauen attraktiv, weil diese ihrem Selbstkonzept und ihren Interessen entsprechen.

11. **Technische Studiengänge brauchen einen interdisziplinären Ansatz, d.h. sie müssen sich auch mit Fragen der Technikfolgenabschätzung und Steuerung von Technikentwicklung beschäftigen.**

Diese Ansätze machen technische Studiengänge für Frauen attraktiv, wie der relativ hohe Frauenanteil in den sogenannten Bindestrich-Studiengängen (Umwelt-Informatik, Bio-Technologie) zeigt. Eine Erklärung dafür ist das besondere Interesse junger Frauen an der Bedeutung von Technik für Menschen, der Bezug der Studieninhalte zur eigenen Lebenswelt. Hilfreich könnten auch Gender-Studies sein, weil sie die inhaltlich ausgeblendete, aber schon durch den geringen Frauenanteil stets relevante Kategorie Geschlecht thematisieren.

Zwölf Thesen zur Attraktivitätssteigerung technischer Studiengänge

12. **Der Übergang zwischen Hochschule und Beruf muss gefördert werden. Geeignete Maßnahmen dafür sind z.b. Mentoringprogramme und Beratung bei der Karriereplanung.**

Studentinnen interpretieren Hilfestellungen häufig als diskriminierend, die Aussage "das habe ich nicht nötig" ist dafür typisch. Gleichzeitig ist die Abbrecherquote der Frauen in technischen Studiengängen hoch. Frauen aus technischen Studiengängen, die erst kurze Zeit im Beruf sind, berichten, dass sie fast auf jede Bewerbung hin zu einem Gespräch eingeladen werden, dass sie nicht diskriminiert werden, dass die anfängliche Skepsis bezüglich ihrer Qualifikation schnell abgebaut wird. Gleichzeitig zieht sich aber auch ein nicht unbedeutender Teil der Ingenieurinnen nach einiger Zeit der Berufstätigkeit frustriert aus dem technischen Berufsfeld zurück. Es liegt daher nahe, ein motivierendes und karrierefördemdes Netzwerk tatsächlich in seiner Eigenschaft als sicherndes "Auffangnetz" auf allen Stufen (Übergang Schule - Hochschule, im Lauf des Studiums, Übergang Studium - Beruf) bereitzuhalten.

Gabriele Winker, Andrea Wolffram, Iris Tinsel

Effekte geschlechtersensitiver Bildung in Zukunftstechnologien - Hintergrund und Ansätze einer Längsschnittstudie

1. Einleitung

Seit den 90er Jahren sind eine Reihe von geschlechtersensitiven Bildungsangeboten in den Informatik- und Ingenieurstudiengängen bereitgestellt worden, um junge Frauen für ein solches Studium zu motivieren und somit auch den Frauenanteil in technischen Berufen zu steigern. Während aktive Frauen und teilweise auch Männer in den Hochschulen damit einen Beitrag zur Gleichstellung der Geschlechter leisten wollen, dürfte aus Sicht der politischen Akteure und der technischen Professionen ein wesentlicher Grund für die Unterstützung dieser Bemühungen im erheblichen Bedarf an hochqualifizierten Arbeitskräften in den Zukunftstechnologien zu finden sein. Durch diese Situation bot sich vor allem in den letzten zehn Jahren die Möglichkeit, mit verschiedenen geschlechtersensitiven Modulen im Rahmen von Modellprojekten zu experimentieren, die bis zu innovativen Frauenstudiengängen in technischen Bereichen reichen. Allerdings müssen in diesem Zusammenhang zwei Defizite hervorgehoben werden:

→ Die seit nunmehr rund einem Jahrzehnt durchgeführten vielfältigen Maßnahmen zur Gewinnung junger Frauen für (informations-) technische Berufe haben bislang nur geringen Erfolg gezeigt. Zudem ist letztlich nicht geklärt, ob das langsame Ansteigen der Frauenanteile in den Informatik- und Ingenieurstudiengängen auf diese Maßnahmen zurückzuführen sind. Denn gleichzeitig hat ein gesellschaftlicher Wandel eingesetzt, der Technik in breitere gesellschaftliche Bezüge einbindet und dieser Wandel hat sich zumindest in kleinen Reformschritten innerhalb (informations-)technischer Studiengänge niedergeschlagen (vgl. die z.T. internationalen „Bindestrich"-Studiengänge wie Medieninformatik, Biomedical Engineering etc.).

→ Auch wenn wir davon ausgehen, dass die bisher angebotenen Maßnahmen zumindest dazu beigetragen haben, dass sich der Studentinnenanteil kurzfristig erhöhte, ist die Frage jedoch offen, wie geschlechtersensitive Bildungsangebote gestaltet werden müssen, damit bei jungen Frauen kein Abfall des Interesses einsetzt, sondern sie ihr fachliches Interesse dauerhaft vertiefen können. Bekannt sind nur die hohen Abbrecherquoten bei männlichen und weiblichen Studierenden, die durch Studienabbrüche primär in den ersten zwei Semestern zustande kommen.

Den aufgeworfenen Fragen soll in einer Längsschnittstudie nachgegangen werden. Zunächst soll in diesem Beitrag der Hintergrund dieser Studie aufgespannt werden. Im Anschluss daran werden Konzepte geschlechter-sensitiver Bildung exemplarisch an den Studienangeboten verdeutlicht, die von den an der Studie beteiligten Professorinnen für die Situation an der Fachhochschule Furtwangen entwickelt worden sind. Diese geschlechter-sensitiven Maßnahmen stellen zugleich das empirische Feld für die Längsschnittuntersuchung dar. Im Zentrum der empirischen Untersuchung steht die Frage, ob geschlechtersensitive Bildung zu einer Veränderung von Technikhaltungen und technikbezogenen Selbstbildern sowie von Vorstellungen über die spätere Berufstätigkeit bei den Studierenden führt. In diesem Zusammenhang stellt sich die Frage, ob diese Bildungsmaßnahmen geeignet sind, kulturell codierte Geschlechterstereotype aufzubrechen und die Qualität und Attraktivität der Ingenieur- und Informatikausbildung insgesamt zu steigern.

2. Anfangsbarrieren für Frauen in den Zukunftstechnologien

Trotz derzeitig hervorragender Perspektiven in (informations-)technischen Berufen bleiben die Frauenanteile insbesondere in den klassischen Ingenieurdisziplinen weiterhin niedrig. Dies ist der Fall, obwohl Minks (2000) und Vogel/Hinz (2000) in ihren Studien festgestellt haben, dass bei einem großen Teil der Abiturientinnen ein latentes Potenzial für ein Ingenieur- und Informatikstudium vorhanden ist. Inzwischen ist in der Literatur eine ganze Reihe von Ursachen für die technikfernen Studienwahlen von jungen Frauen angeführt worden, die bei der frühkindlichen Sozialisation ansetzen und bis zur technischen Fachkultur an den Hochschulen reichen. In diesem Beitrag soll der Blick in das Grundstudium (informations-)technischer Studiengänge und die dort vorfindbaren Gründe für Studienunzufriedenheit und Studienabbruch die Anfangsbarrieren für Frauen im Studium verdeutlichen. Diese Hinweise flossen in die Konzeptualisierung der geschlechtersensitiven Bildungsmaßnahmen an der FH Furtwangen ein. Um diese Bildungsmaßnahmen systematisch auf ihre Wirksamkeit hin zu untersuchen, werden diese durch eine Längsschnittstudie begleitet.

„Switchers" und „Persisters"

Deutsche Untersuchungen zum Studienabbruch in (informations-) technischen Studiengängen aus der Genderperspektive sind rar. Jedoch erscheinen Untersuchungsergebnisse aus den USA durchaus auf die Situation in Deutschland übertragbar zu sein. Im folgenden sollen die Erträge aus insbesondere einer amerikanischen Studie referiert werden.

In der qualitativ angelegten Studie von Seymour & Hewitt (1997), die 335 Studentinnen und Studenten befragt haben, die ca. zur Hälfte ihr Technikstudium abgebrochen und zur anderen Hälfte trotz Studienunzufriedenheit weitergeführt haben, nennen die Autorinnen als Schlüsselgründe für den Studienabbruch bei den Studenten, dass das Fach für diese einfach nicht mehr attraktiv war und dass das Studium als zu schwer empfunden wurde. Studentinnen dagegen gaben als Abbruchgrund oftmals Gefühle von Entfremdung und eine abnehmende Selbstachtung an. Ferner nahmen die Karriereaspirationen bei den Studentinnen ab, während diese wie auch die Selbstachtung in der gleichen Zeit bei den Studenten zunahm. Bereits nach dem ersten Studienjahr berichteten die Studentinnen und Studenten von einer ganzen Bandbreite negativer Studienerfahrungen, die das Studieninteresse stark beeinträchtigten und die Motivation schwächten. Hierzu zählten:

→ schlechte Didaktik und Unterrichtsorganisation

→ zu schwerer oder verwirrender Unterrichtsstoff

→ langweilige Fachmaterie

dies führte zu einem Verlust des Vertrauens in die eigene Leistungsfähigkeit

→ ein „mörderischer" Wettstreit innerhalb des Bewertungssystems, das eher einen „Aussiebungsprozess" in Gang setzt, als geeignet ist, interessierte Studierende zu ermutigen

→ Bewertungssysteme, die Studierende keine Möglichkeit geben, ihren Wissensstand objektiv einzuschätzen

→ eine ungemütliche Studienatmosphäre

dies schwächte vor allem die Studienmotivation

Studenten störten sich dabei aber weitaus weniger an der konkurrenzorientierten Atmosphäre, dem Bewertungssystem und der Fachmaterie. Zentrales Anliegen der meisten männlichen und weiblichen Studierenden ist jedoch der Wunsch nach einer stärker ermutigenden und anregenden Lernumgebung. Ferner sind die Studenten eher geneigt, Karriereziele über persönliche Zufriedenheit zu stellen. Viele Frauen haben das Studienfach gewechselt, weil sie sich von einem nichttechnischen Fach eine Ausbildung versprachen, die stärker ihre intrinsischen Interessen befriedigte. Sie erhoffen sich mit einem Studienfachwechsel auch die Realisierung eines Lebensstils, der z. B. eine ausgewogene Balance zwischen Berufs- und Privatleben erlaubt und der ihnen in einem technischen Beruf nicht möglich erschien.

Gerade die Kurse, in denen unverbunden zu praktischen Bezügen Grundlagenkenntnisse vermittelt und „die Spreu vom Weizen getrennt" werden sollen, haben den nicht beabsichtigten Effekt, auch einige der hochtalentierten Studierenden zu verlieren, die durch eine fehlende vielseitige intellektuelle Stimulierung ihr Interesse an der Disziplin einbüßen.

„The first two years in physics are so dull. I mean, they have absolutely nothing to do with what you'll be doing later. I'm afraid that's why you might be losing good students from engineering that are really qualified and have the intelligence...There are ways to make the introductory material interesting so that it doesn't drive away good people through boredom." (Male white engineering non-switcher)

Diese Ergebnisse verdeutlichen zum einen, dass die meisten Probleme, die zu Abbruchentscheidungen führen, eine Kritik an den Praktiken und Einstellungen implizieren, welche durch die Struktur und Kultur in technischen Fachbereichen definiert und aufrechterhalten wird und zum zweiten, dass diese Studienkultur eher auf die Förderung von Männern ausgerichtet ist, während überwiegend Frauen, aber auch einige Männer in ihren Chancen behindert werden.

In der zitierten Studie wurde festgestellt, dass AbbrecherInnen und Fortsetzende keine zwei verschiedene Gruppen sind, sondern vielmehr ähnliche Fähigkeiten, Motivationen und Studierverhalten aufweisen. Und die Probleme, die zum Abbruch führten, wurden genauso von der Gruppe der „Persisters" geteilt. Somit stellte sich den Autorinnen die Frage, was diese beiden Gruppe voneinander unterschied, welche Einstellungen und Strategien die Problembewältigung bei den Persisters begründeten. Als Schlüsselelement für studentischen Erfolg führen Seymour & Hewitt folgende Aspekte an:

- Studieren in Gruppen, in denen sich die Studierenden gegenseitig unterstützen können
- das Bewusstsein der Studierenden über die hohen Erwartungen der Lehrenden
- die gemeinsam geteilte Erfahrung erzielter Problemlösungen, die im fortschreitenden Studium in ihrem herausfordernden Charakter aufeinander aufbauen

das hieraus erwachsende Selbstvertrauen

Ein Unterschied zwischen den weiblichen „Switchers" und „Persisters" wurde darin gefunden, dass diejenigen Frauen, die durch andere in ihrer Studienwahl bestärkt wurden, seltener ihr Studium abbrachen als diejenigen, die dieses Fach eher aus materiellen Motiven heraus gewählt haben und ein geringeres intrinsisches Interesse zeigten.

Auf dem Hintergrund u. a. dieser Ergebnisse soll an der FH Furtwangen untersucht werden, ob durch geschlechtersensitive Bildungsmaßnahmen den genannten Hindernissen wirksam begegnet werden kann. Unserer Ansicht nach sind Studentinnen in diesen Bildungsmaßnahmen nicht mehr als Vereinzelte einer konkurrenzorientierten Atmosphäre ausgesetzt und finden vielmehr ein Studienklima vor, in dem entmutigende und entfremdende Erfahrungen ausbleiben. Im folgenden soll gezeigt werden, in wie weit geschlechtersensitive Maßnahmen in koedukativen Studiengängen und in einem monoedukativen Studiengang neue Elemente, wie z. B. Kontextbezogenheit, aufnehmen und umsetzen können, die den Studienerfolg fördern.

3. Geschlechtersensitive Bildungsangebote in Zukunftstechnologien

Die an der FH Furtwangen konzipierten geschlechtersensitiven Bildungsangebote setzen in der Bildungsbiografie von jungen Frauen und Männern zu verschiedenen Zeitpunkten und Studienphasen an. Um Fraueninteressen in den einzelnen Studienphasen der Ingenieur- und Informatikausbildung besser berücksichtigen zu können, werden an der FH Furtwangen in Anlehnung an die Kategorisierung der Studienphasen von Oechtering (1998) folgende Bildungsmaßnahmen durchgeführt:

- Die Neugestaltung der Studienvorbereitungs- und Einführungsphase
- Der Erwerb oder die Auffrischung von Kenntnissen bezüglich fachpraktischer Grundlagen
- Die Neukonzeption von Lehrveranstaltungen
- Der Erwerb von Berufsfähigkeiten
- Praxisintegration in das Studium
- Monoedukative Lehre
- Weiterbildungsangebote für Frauen

Der **Neugestaltung der Studienvorbereitungs- und Einführungsphase** widmet sich das monoedukative Angebot „*Internet Summer Camp*"[1]. In diesem Rahmen ist es möglich, Schülerinnen in der beruflichen Entscheidungsphase in ihren Technikhaltungen, ihrem Selbstkonzept und ihren Interessen zu bestärken sowie ihnen ein realistisches Bild von der Tätigkeit als Informatikerin zu vermitteln.

Im *Internet Summer Camp* sollen Mädchen über ihr Interesse am Internet als Kommunikationsmedium angesprochen werden. Darüber hinaus soll ihnen eine neue Welt des Internet eröffnet werden, in der programmiert und der Computer als Werkzeug benutzt wird. Für die Konzeption dieses Angebots bedeutet dieses Herangehen folgendes:

- Es muss ein monoedukativer Ansatz gewählt werden, um erlebte Stereotypisierungen und Aufgabenzuteilungen aufzubrechen.

---

1 Konzeption und Durchführung Prof. Dr. Gabriele Winker in Kooperation mit Prof. Hannelore Frank

- Es muss ein mädchenadäquater Zugang gewählt werden. Das bedeutet, es muss als Lernmotivation viel Wert auf die Pflege sozialer Beziehungen via Internet gelegt werden. Es gilt den Chat nicht als amüsante, aber nutzlose Nebenerscheinung abzutun, sondern als einen wichtigen weiblichen Internetzugang zu betrachten. Ausgangspunkt für die Angebote sind die Vorlieben vieler Mädchen im Bereich der Kommunikation und Gestaltung sowie der Zusammenarbeit im Team.

- Das Internet Summer Camp soll Spaß machen und gleichzeitig Lernmöglichkeiten darstellen. Über konkrete Projektarbeit soll versucht werden, Interesse für die Technik „hinter" dem Internet zu wecken.

Mit der aktiven Nutzung und Gestaltung des Internet soll die Brücke zur Informatik geschlagen werden und gezielt auf die Möglichkeit eines informationstechnischen Studiums verwiesen werden. Denn auf die Frage nach den Interessengebieten und Hobbys geben immerhin deutlich über die Hälfte aller Mädchen (54,3 %), die das Internet nutzen, Computer und Informationstechnologie an. Das sind zwar deutlich weniger als bei den Jungen mit 91,6 % (Fittkau & Maaß 2000: 72), aber dennoch ist dies eine große Gruppe von Mädchen, die bereits einen Zugang zum Internet haben und für die Computer und IT-Technologie positiv besetzt ist.

Der **Erwerb oder die Auffrischung von Kenntnissen bezüglich fachpraktischer Grundlagen** wird durch das Praktikum „*Technik erfassbar machen*"[2] erreicht. In diesem Praktikum können Studierende der Medizintechnik bereits in der Studieneingangsphase notwendige naturwissenschaftlich-technische Grundlagen in vier verschiedenen Praktika erwerben. Vielen Studierenden fehlen praktische Technikerfahrungen, insbesondere wenn sie direkt aus einem allgemeinbildenden Gymnasium oder einem technikfernen Beruf kommen. Durch die fehlende Erfahrung mit technischen Versuchsaufbauten ist es für diese Studierende schwieriger, die dahinter stehenden Gesetzmäßigkeiten zu verstehen. Diese Handlungserfahrung ist jedoch eine notwendig Voraussetzung für das Begreifen der abstrakten Theorien in den technischen Fächern. Die Praktika vermitteln durch Ausprobieren und Erkunden Spaß und verdeutlichen so auf eine stärker die Sinne ansprechende Weise die dahinter liegenden Gesetzmäßigkeiten.

Insbesondere für Studentinnen können sich die Praktika als besonders wertvoll erweisen, da sie häufig aufgrund ihrer oftmals technikferneren Sozialisation weniger Erfahrungen in diesem Bereich mitbringen. Hier können sie mögliche Hemmschwellen abbauen, sich für Technik begeistern und ihr Wissen erweitern. Denn durch die Kombination von praktischer Umsetzung von Wissen, das primär der Alltagswelt von Frauen entspricht (u. a. der Destillation von ätherischen

---

[2]   Konzeption und Durchführung Dipl. Ing. Sara Lozano

Ölen), dem Erlernen von technisch-handwerklichen Fertigkeiten und dem spielerischen Umgang mit Robotern können verschiedenste Kenntnisse erworben oder aufgefrischt werden, auf die sie dann im Studium zurückgreifen können.

Die Praktika sind koedukativ ausgerichtet, damit allen StudienanfängerInnen deutlich wird, dass auch viele Männer ohne Wissensvorsprung in das Studium gehen und dass beide Geschlechter technisch kompetent sind, auch wenn die individuellen Vorkenntnisse verschieden sind.

Die Neukonzeption von Lehrveranstaltungen mit koedukativem Ansatz:

1. Die geschlechtersensitive *Physikvorlesung im Studiengang „Umwelt- und Verfahrenstechnik"*[3] soll das Negativimage, das der Physik als langweiliges und schwieriges Fach anhängt, aufbrechen. Denn die negative Einstellung zu einem Fach vermindert die Leistungsmotivation und beeinträchtigt die Studienmotivation insgesamt, wenn die Zusammenhänge zum eigentlich gewählten Studienfach nicht deutlich werden. Es besteht dann die Gefahr, dass sich die Studierenden von ihrem Studienfach emotional entfernen und bereits in den Anfangssemestern Studienabbruchgedanken entwickeln. Da Physik – als eine wesentliche Grundlage für das Ingenieurstudium – zumeist im 1. und 2. Semester gelehrt wird, ist es um so wichtiger, die Studierenden zu motivieren, den Stoff auch in knapp bemessener Zeit zu erlernen. Insbesondere Studentinnen sollen die Gelegenheit erhalten, ihr Bild vom Fach aufgrund der häufig schlechten Erfahrungen mit dem Physikunterricht in der Schule zu revidieren, um so ihr Potenzial in diesem Fach zur Geltung zu bringen.

Die gendersensitive Vorlesung, in der neben Fachkompetenz und Methodenkenntnisse auch soziale Kompetenzen erlernt werden sollen, ist folgendermaßen konzeptioniert:

- Berücksichtigung des unterschiedlichen Lernverhaltens von Studentinnen und Studenten (systematisches vs. „trial and error" Lernen).

- Orientierung der Themen an den Interessen und Lebenswelten der Studentinnen: Durch die Herstellung eines Bezugs von physikalischen Zusammenhängen zu alltagsrelevanten Phänomenen wird die Bedeutung der Physik unmittelbar nachvollziehbar gemacht. Die Studierenden lernen einen Physikunterricht kennen, der zeigt, dass Physik Spaß machen kann.

- Unterstützung der Studentinnen in der Einbringung ihrer oft besser entwickelten kooperativen und kommunikativen Fähigkeiten und deren Vermittlung an die Studenten.

---

3 Konzeption und Durchführung Prof. Dr. Dorothea Lüdecke und Prof. Dr. Christa Lüdecke, Kooperationspartnerin an der Universität Konstanz

- Gruppenarbeit soll gewährleisten, dass die Studierenden voneinander lernen, Teamfähigkeit einüben und Hemmungen abbauen, sich aktiv in den Unterricht einzubringen.
2. In den *geschlechter- und kultursensitiven Veranstaltungen in der Medieninformatik*[4] wird in allen Semestern Gender als Thema in Form von Modulen in fachbezogene Vorlesungen (u. a. in Mediengestaltung, -konzeption und -psychologie) integriert. Durch die Einbettung der Gendermodule in den Zusammenhang der Kulturspezifik wird die Unterschiedlichkeit der Geschlechter thematisiert, ohne diese zu dichotomisieren. Unter dem Begriff „kulturelle Differenz" werden die Einflüsse von Geschlecht, Ethnie, Religion, sozialer Status etc. auf Rollenkonzepte zusammengefasst.

In den Lehrveranstaltungen geht es darum, die geschlechtstypischen Anteile zu identifizieren und einer Bearbeitung zugänglich zu machen. Jeweils ein Block ist den geschlechtsspezifischen Aspekten gewidmet. Er ist auf die Inhalte der jeweiligen Veranstaltung abgestimmt und verzahnt die gestalterischen Inhalte der Medieninformatik mit der Genderperspektive: Geschlechtertypische Rezeption, Interpretation und Umgang mit dem eigenen gestalterischen Potenzial, geschlechtstypische Zugänge und Nutzungsverhalten sowie Darstellung von geschlechtstypischen Rollen in audiovisuellen Produkten. Die Unterrichtseinheiten verfolgen drei Ziele: erstens die Sensibilisierung für kulturell bestimmte Anteile in Wahrnehmung und Handeln, zweitens die Identifikation von geschlechtstypischen Rollenkonzepten in der eigenen Wahrnehmung und im Handeln und drittens den bewussten und kreativen Umgang mit geschlechtstypischen Rollen.

Der **Erwerb von Berufsfähigkeiten** steht im Vordergrund bei der Wahlveranstaltung *Positionierung von Frauen in Technikberufen*[5]. Die zukünftigen Ingenieurinnen bewegen sich in einem männerdominierten Feld. Eine Auseinandersetzung mit der Minderheitenrolle findet jedoch in aller Regel nicht bewusst statt. Erschwert wird ihre Lage durch das Fehlen bzw. die Unkenntnis von weiblichen Vorbildern im Ingenieurberuf. Deswegen sollen Studentinnen des Fachbereichs Maschinenbau und Verfahrenstechnik auf die beruflichen Anforderungen vorbereitet und Strategien vermittelt bekommen, mit denen sie sowohl ihre Durchsetzungsfähigkeit als auch ihre Ausgangslage gegenüber männlichen Kollegen insgesamt verbessern können.

Die fehlende Auseinandersetzung der Mehrzahl der Studentinnen mit ihrer besonderen Rolle als vereinzelte Ingenieurin unter vielen Ingenieuren ist der

---

4   Konzeption und Durchführung Prof. Dr. Irmtraud Munder in Zusammenarbeit mit Professoren des Fachbereichs Medieninformatik
5   Konzeption und Durchführung: Prof. Dr. Barbara Winckler-Ruß

Grund, warum das Wahlpflichtfach zunächst mit dem Lehrmodul „Bewerbungstraining" nur für Frauen angeboten wird. In dieser Atmosphäre können sie Hemmungen ablegen, über ansonsten tabuisierte Themen wie Benachteiligung zu sprechen, wodurch die Studentinnen gleichzeitig für Genderfragen sensibilisiert werden. Hierbei ist ein Erfahrungsaustausch zwischen Studentinnen, Absolventinnen und Assistentinnen des Fachbereichs Maschinenbau und Verfahrenstechnik sowie berufstätigen Ingenieurinnen vorgesehen. Indem Frauen, die bereits in der Berufspraxis stehen, gezielt in die Veranstaltung integriert werden, wird zugleich die Praxisintegration in das Studium gefördert.

Die **Integration der Praxis in das Studium** ist auch ein Charakteristikum des Studiengangs *WirtschaftsNetze*, der seit dem Sommersemester 2002 an der FH Furtwangen besteht. Hier können in sechs Semestern (inklusive Praxissemester) Studentinnen innovative, wirtschaftsnahe Informatik studieren und sich für einen Beruf ausbilden lassen, in dem die Geschäftsprozesse von Unternehmen virtuell gestaltet und optimiert werden. Den Frauen eröffnet sich ein Berufsfeld mit sehr guten Zukunftschancen, in dem vor allem vernetztes Denken und Denken in globalen Zusammenhängen gefragt ist. Das Studium schließt mit einem Bachelor of Science „Web Business" ab und kann um einen Masterabschluss erweitert werden.

Das Besondere des Studiengangs WirtschaftsNetze im Fachbereich Wirtschaftsinformatik ist die **monoedukative Lehre**. Ein Ziel ist es, das Selbstbewusstsein der Studentinnen im Hinblick auf ihre informationstechnischen Kompetenzen zu stärken und sie bei der Entfaltung ihrer Potenziale zu unterstützen. Dies soll durch die Schaffung eines Studienumfeldes geschehen, in dem unterschiedliche Kompetenzen, Lebensentwürfe und Geschlechterrollen Raum haben und in Verbindung mit technischen Interessen gelebt werden können. So sind die Vorlesungen auf drei Tage in der Woche konzentriert und Kinderbetreuungsmöglichkeiten bestehen. Lehrinhalte sind u. a. Selbstmanagement, vernetztes Denken, soziale Interaktion, Kreativitätstechniken, Change Management, Präsentation und Moderation. Ein Mentoring-Programm im ersten Semester über sechs Wochen mit MitarbeiterInnen der Firma Hewlett Packard gibt den Studentinnen die Möglichkeit, ihre Berufs- und Lebensplanung bereits zu Studienbeginn zu konkretisieren.

Weiterbildungsangebote für die Absolventinnen der beteiligten Fachbereiche sind mit den *Postgraduierten Entwicklungsmaßnahmen* ab 2005 vorgesehen.

Das verbindende Element der genannten Module aus der Perspektive Geschlechtersensitivität besteht darin, dass sie neben dem Inhalt der Lehre vor allem auch die Studienkultur sowie die Phasen vor und nach dem Studium – als tendenziell Frauen ausgrenzende Faktoren – im Blick haben. An diesen Schnittstellen ist es besonders bedeutsam, geschlechterstereotype Vorstellungen in der breiten Öffentlichkeit aufzubrechen.

4. Effekte geschlechtersensitiver Bildung

Die mit der Längsschnittstudie verfolgte Intention zielt vor allem darauf ab, geschlechtersensitive Bildung in ihren Wirkungen zu bewerten. Um die Wirksamkeit des Kanons geschlechtersensitiver Bildungsmaßnahmen zu prüfen, sind im Rahmen der Längsschnittstudie vier Evaluationskriterien theoretisch abgeleitet worden. Die Veränderung dieser im folgenden genannten Kriterien halten wir für die Steigerung des Frauenanteils in (informations-)technischen Studiengängen für ausschlaggebend:

- Wandel von Technikhaltungen
- Veränderung des technikbezogenen Selbstkonzepts
- Ausbildung konkreter Vorstellungen späterer Berufs- und Lebensplanung

Durch diese soll zugleich eine Qualitäts- und Attraktivitätssteigerung der Ausbildung erzielt werden. Mit dieser Auswahl wurde ein Schwergewicht auf solche Einflussgrößen gelegt, die durch die gendersensitiven Module veränderbar sind. Während der Anteil von Frauen in technischen Studiengängen eine „direkt beobachtbare" Auswirkung darstellt, werden mit den genannten Evaluationskriterien die „nicht direkt beobachtbaren" Effekte erfasst, denen eine vermittelnde Funktion bei der Frage zukommt, ob junge Frauen für technische Studiengänge gewonnen und auch dort gehalten werden können.

4.1. Wandel von Technikhaltungen und Veränderung des technikbezogenen Selbstkonzepts

Die Erfassung der Technikhaltung einer Person basiert auf Ansätzen der Einstellungsforschung. Hier wird der Begriff der Einstellung als multidimensionales Konstrukt mit drei zusammenhängenden Komponenten definiert: einer affektiven, einer kognitiven sowie einer Verhaltenskomponente. Übertragen auf Technikeinstellungen kennzeichnet die affektive Komponente, die emotionalen Einstellungen zur Technik, repräsentiert die kognitive Komponente, die subjektive Wahrnehmung und das Wissen über Technik und reflektiert die Verhaltenskomponente die Verhaltensabsichten und Handlungen im Kontext der Technik. Da für das Einstellungskonzept jedoch Interessen keine Bedeutung haben, diese jedoch als Studienwahlmotiv für ein (informations-) technisches Studium zentral sind, soll das Modell der Einstellung um ein Interessenkonstrukt ergänzt werden, das die Bedeutung oder Wertigkeit eines Objektes für eine Person mit ein-

Effekte geschlechtersensitiver Bildung in Zukunftstechnologien

schließt. Unsere Definition von Technikhaltung setzt sich somit aus einem Einstellungs- und Interessenmodell zusammen.

Welche Annahmen leiten wir aus dem Einstellungs- und Interessenmodell (Haltungsmodell) für die Erklärung von Geschlechterunterschieden ab? Wir vermuten, dass es Gruppen von Technik- und Informatikstudierenden gibt, die sich bzgl. der unterschiedlichen Dimensionen von Technikhaltungen unterscheiden. Bislang zeigen eine Vielzahl von Studien[6] hinsichtlich der drei Einstellungskomponenten, dass Schülerinnen und junge Frauen oftmals eine nur geringe emotionale Bindung zur Technik haben, weitaus weniger Zutrauen in ihre technikbezogene Leistungsfähigkeit und Begabung aufweisen, Technik im allgemeinen nur wenig Interesse entgegenbringen, folgelogisch weniger über technische Neuerungen, Zusammenhänge etc. informiert sind und entsprechend kaum in diesem Feld tätig werden. Wir nehmen jedoch an, dass es sich bei den Studentinnen in (informations-)technischen Studiengängen bislang um eine stark selektive Gruppe handelt, so dass hier weniger Geschlechterunterschiede bedeutsam werden als vielmehr Unterschiede in anderen Dimension wie Ethnie, Fachkultur, Wahlmotive etc..

4.2. Ausbildung konkreter Vorstellungen späterer Berufs- und Lebensplanung

Verschiedenen Studien zufolge verfolgen Frauen und Männer unterschiedliche Berufs- und Lebensplanungen[7]. Im allgemeinen ist eine konkrete Berufsplanung bei den Studentinnen weniger stark ausgeprägt als bei ihren Kommilitonen, wobei erstere ihr Studium eher nach dem Motto „mal schauen was kommt" angehen. Gründe dafür dürften in den mehr oder weniger unbewussten Erfüllungen tradierter geschlechtsspezifischer Rollenzuweisungen liegen. Die meist klareren Karrierevorstellungen von Studenten können im Hinblick auf die Reproduktion von Geschlechterverhältnissen Grund zur Annahme geben, dass sich die jungen Männer bereits bei Studienbeginn im hierarchisch strukturierten System hegemonialer Männlichkeiten verorten und dass sich viele bei – wenn auch sehr vagen – Vorstellungen über einen späteren Kinderwunsch als potentieller Familienernährer betrachten. Die weniger konkreten Berufsvorstellungen der Technikstudentinnen können u.a. auf die Ursachen, die speziell mit dem Technikstudium zusammenhängen (Selbstkonzepte, die Entfremdung von der Technik im Studium aufgrund diskriminierender Erfahrungen), zurückgeführt werden. Ein weiterer Grund könnte auch in einer mehr oder weniger bewussten Antizipation der Schwierigkeiten bestehen, berufliche Karriere und Familiengründung zu verbinden.

---

6   vgl. Hannover & Bettge 1993, Hoffmann et al. 1997, Dickhäuser 2001
7   Cornelißen et al. 2002, Geissler & Oechsle 1996

Zu Studienbeginn scheint sich für viele Studentinnen zunächst keinerlei Vereinbarkeitsproblematik zu stellen – sei es, weil sie (noch) gar nicht an Familiengründung denken, eigene Kinder für sich ausschließen oder auch weil Benachteiligung von Frauen für sie ein gewisses Tabuthema darstellt. Sie planen wie viele ihre Kommilitonen eine steile Karriere und sehen für sich keine Barrieren. Erfahrungen haben jedoch gezeigt, dass viele von ihnen nach Eintritt in das häufig konkurrenzgeprägte Berufsleben, in dem sie sich als einzelne Frauen unter vielen Männern beweisen müssen, in ihren Vorstellungen über die Karrieremöglichkeiten enttäuscht werden und sich vom technischen Beruf entfernen.

Für uns stellt sich die Frage, ob die Studierenden der Technik- und Informatikstudiengänge an der FH Furtwangen diese beschriebene geschlechtsspezifisch verschiedene Berufs- und Lebensplanung gedanklich bereits vorwegnehmen und ob unter den Bedingungen der gendersensitiven Bildungsmaßnahmen, Veränderungen bezüglich der Vorstellungen des weiteren Lebensweges festzustellen sind. Wir gehen davon aus, dass die geschlechtersensitiven Maßnahmen insbesondere für Frauen ein Umfeld schaffen, in dem Studentinnen Selbst- und Lebenskonzepte entwickeln können, die mit sozial akzeptierten Ausdrucks- und Lebensformen von Weiblichkeit in Einklang stehen.

5. Fazit

Die in diesem Beitrag vorgestellte Längsschnittstudie will Technikhaltungen, technikbezogene Selbstkonzepte, Berufs- und Lebensplanungen und deren Veränderung bei Studierenden durch fachkulturelle Einflüsse in (informations-) technischen Studiengängen auf- und nachspüren – u.a. mit der Intention kulturell codierte Geschlechterstereotype aufzubrechen. Sie fußt auf dem Vergleich einer geschlechtersensitiven mit einer herkömmlichen Hochschulausbildung.

Der Fokus auf Technikhaltungen und deren Wandel soll Hinweise liefern, welchen grundlegenden Zugangs- und Anfangsbarrieren Studieninteressierte und -anfängerInnen gegenüberstehen und auf welche Bewältigungsstrategien diejenigen zurückgreifen, die sich in ihrer Studienentscheidung konsolidieren können.

Wir vermuten, dass die StudienanfängerInnen eine weite Bandbreite von Technikhaltungen einnehmen, die nur zum Teil durch das Geschlecht erklärt werden können. Gleichzeitig gehen wir davon aus, dass in den verschiedenen von uns untersuchten Studiengängen in den Fachbereichen Maschinenbau und Verfahrenstechnik, Medieninformatik und Wirtschaftsinformatik auch unterschiedliche Fachkulturen transportiert werden. Wir versprechen uns deswegen im Laufe der Untersuchung konkrete Aussagen darüber, welche Studierendengruppen in den einzelnen Fachkulturen unterstützt und welche behindert werden. Wir hoffen, mit unserer Studie praktische und vor allem empirisch fundierte Anregungen geben zu können, in welche Richtung das bisherige Technikbild erweitert werden müsste und wie dies geschehen könnte, um vielseitig interessierte junge Frauen und Männer anzusprechen.

Literatur

Cornelißen, Waltraud et al. (2002): Junge Frauen – junge Männer. Daten zur Lebensführung und Chancengleichheit. Opladen: Leske + Budrich.

Dickhäuser, Oliver (2001): Computernutzung und Geschlecht. Münster; New York; München; Berlin: Waxmann.

Fittkau & Maaß GmbH (Hrsg.) (2000): WWW-Benutzer-Analyse W3B. Teens & Twens im Internet. Oktober/November 2000.

Geissler, Birgit & Oechsle, Mechthild (1996): Lebensplanung junger Frauen. Zur widersprüchlichen Modernisierung weiblicher Lebensläufe. Weinheim: Dt. Studienverlag

Hannover, Bettina & Bettge, Susanne (1993): Mädchen und Technik. Göttingen: Hogrefe.

Hoffman, Lore, Häussler, Peter & Peters-Haft, Sabine (1997): An den Interessen von Mädchen und Jungen orientierter Physikunterricht. Kiel: IPN.

Minks, Karl-Heinz (2000): Studienmotivation und Studienbarrieren. Vortrag auf der Fachkonferenz "Frauen – Technik – Evaluation / Frauenförderung als Qualitätskriterium in technisch-naturwissenschaftlichen Studiengängen", durchgeführt von der Universität Koblenz-Landau / Ada-Lovelace-Projekt und der Hochschulrektorenkonferenz am 6./7. Juli 2000. In: Kurzinformation HIS, A 8 / 2000, S. 1-12.

Oechtering, Veronika (1998): Frauengerechte Hochschulausbildung in technischen Studiengängen. In: Winker, Gabriele & Oechtering, Veronika (Hg.): Computernetze – Frauenarbeitsplätze. Frauen in der Informationsgesellschaft. Leske + Budrich: Opladen, S. 115-132.

Seymour, Elaine & Nancy M. Hewitt (1997): Talking About Leaving. Westview Press: Colorado, Oxford.

Vogel, Ulrike & Hinz, Christina (2000): Zur Steigerung der Attraktivität des Ingenieurstudiums. Erfahrungen und Perspektiven aus einem Projekt. Bielefeld: Kleine 2000.

Regine Komoss

Wie Frauen zu Informatikerinnen werden – Ein Bericht über den Internationalen Frauenstudiengang Informatik an der Hochschule Bremen

1. Der Internationale Frauenstudiengang Informatik – ein neuer Studiengang an der Hochschule Bremen

Seit Oktober 2000 gibt es an der Hochschule Bremen den Internationalen Frauenstudiengang Informatik. In diesem achtsemestrigen Diplomstudiengang werden pro Wintersemester 30 Studienplätze angeboten. Der Studiengang ist ein für die Dauer von fünf Jahren von Bund und Land geförderter Modellstudiengang. Im Anschluss an die Modellphase soll er – vorausgesetzt es werden positive Erfahrungen gemacht – in das Regelangebot der Hochschule übernommen werden.

Der Studiengang ist räumlich im Zentrum für Informatik und Medientechnologie (ZIMT) - einem neu errichteten Gebäude der Hochschule - untergebracht. Im ZIMT befinden sich neben dem Frauenstudiengang die drei anderen Informatikstudiengänge der Hochschule: Der Studiengang Technische Informatik, der Studiengang Digitale Medien und die Medieninformatik. IFI vervollständigt das Informatikangebot der Hochschule: In dem Studiengang wird – was es bis zur Einrichtung von IFI noch nicht gab – angewandte Informatik mit dem Schwerpunkt Software Entwicklung gelehrt.

Die Einrichtung von IFI brachte also zwei Neuerungen: Zum einen wurde erstmalig ein Frauenstudiengang eingerichtet und zum anderen wurde erstmalig an der Hochschule Bremen die Möglichkeit geschaffen, angewandte Informatik zu studieren. Damit unterscheidet sich IFI in einem zentralen Punkt von anderen Frauenstudiengängen: Es gibt keinen koedukativen Studiengang mit identischen oder nahezu identischen Inhalten, der parallel zum Frauenstudiengang angeboten wird. Dieser Umstand – der sich eher aus einer historischen Entwicklung heraus ergeben hat als dass er eine bewusste Entscheidung war – hat gleichermaßen einen Nachteil und einen Vorteil.

Der Nachteil ist, dass es keine Vergleichsmöglichkeiten gibt. Frauenstudiengänge sind – das lehrt die Erfahrung aus allen existierenden Frauenstudiengängen – massiven Vorurteilen ausgesetzt. In der Außenwahrnehmung wird ihnen häufig unterstellt ein „Schonraum" für „technikscheue Studentinnen" zu sein, die sich „nicht trauen, sich mit Männern zu vergleichen". Die spöttische Bemerkung eines männlichen Studenten „Wie, Frauenstudiengang? Wird da langsamer geredet?" macht nur allzu deutlich, dass Frauenstudiengänge sich dagegen wehren müssen als „Informatik light" – Studiengänge oder Nachhilfeunterricht belächelt zu werden. Frauenstudiengänge, die – wie z. B. der Frauenstudiengang

Wirtschaftsingenieurswesen an der FH Wilhelmshaven – parallel einen identischen koedukativen Studiengang anbieten, können dieser Qualitätsdebatte mit dem Hinweis begegnen, dass im ko- und im monoedukativen Studiengang identische Inhalte gelehrt und geprüft werden. Diesen Vorteil gibt es bei IFI nicht. Es braucht daher andere Indikatoren, um die Qualität der Ausbildung – die von den Verantwortlichen des Studiengangs betont wird – zu messen und vor allem, um sie nach außen transparent zu machen. Da der Studiengang derzeit noch im Aufbau ist – z. B. sind noch nicht alle Professuren besetzt – konnte sich noch kein Konsens über diese Indikatoren herausbilden. Dies wird aber zu einer der dringlichen Entwicklungsaufgaben gehören, um den Studiengang zu einem Erfolg werden zu lassen.

Diesem Nachteil steht jedoch ein entscheidender Vorteil gegenüber, der diesen Nachteil bei weitem aufwiegt oder zumindest neutralisiert: Der Vorteil ist, dass es keine Vergleichsmöglichkeit gibt. Dies hat zwei positive Auswirkungen: Frauen, die sich für einen Frauenstudiengang entscheiden, sind aufgrund der oben beschriebenen Vorurteile einem Rechtfertigungsdruck, warum sie den Frauenstudiengang bevorzugen, ausgesetzt. Bei IFI entfällt dies. Studentinnen, die sich nicht auf eine inhaltliche Debatte einlassen wollen, können darauf verweisen, dass der Frauenstudiengang für sie die einzige Möglichkeit war, an einer Fachhochschule in der Stadt Bremen[1] angewandte Informatik zu studieren. Damit haben die Studentinnen zumindest in beschränktem Umfang die Möglichkeit der Diskussion um Vor- und Nachteile eines Frauenstudiengangs auszuweichen. Dies ist auch richtig, denn nicht die Studentinnen sondern die Lehrenden und die Verantwortlichen eines Frauenstudiengangs sollten dafür Sorge tragen, dass das Konzept attraktiv präsentiert und vermittelt wird.

Ein weiterer Aspekt ist jedoch weitaus wichtiger und entscheidend: Ein Frauenstudiengang, der kein koedukatives Pendant hat, ist „einzigartig" und muss ein eigenes Profil, das über die Monoedukation hinausreicht, entwickeln. Dies ist eine große Chance, einen innovativen Studiengang zu gestalten. Innovativ-Sein bedeutet dann in erster Linie ein reformiertes Curriculum, bezieht aber gleichzeitig die Monoedukation als quasi immanentes Element mit ein.

Zu Beginn der Konzeptionsphase für den Studiengang wurde ein Gutachten eingeholt, das diesen Punkt ebenfalls hervorhob. Die Gutachterin Heidi Schelhowe stellte fest: „Ein Frauenstudiengang Informatik ist nicht per se wegen seines monoedukativen Angebots ein Erfolg. Vielmehr muss deutlich werden, dass die Hochschule ein besonderes Interesse daran hat, Frauen zu gewinnen und ihnen

---

1 Die Fachhochschule in Bremerhaven bietet einen koedukativen Studiengang Angewandte Informatik an, daher wird hier nach Land und Stadt Bremen unterschieden.

ein attraktives, über die bisherigen Studiengänge hinausgehendes Angebot zu machen, das nicht als „Nachhilfe" betrachtet werden kann"[2].

Diesen Ansatz verfolgt der Internationale Frauenstudiengang Informatik. Im folgenden wird das besondere Profil, das sich der Frauenstudiengang gegeben hat dargestellt.

2. Das Profil des Internationalen Frauenstudiengang Informatik

Einen neuen Studiengang zu konzipieren und aufzubauen ist wie ein neues Haus zu bauen: Es braucht ein solides Fundament, tragfähige Stützpfeiler und ein schützendes Dach.

2.1. Das Fundament – Infrastruktur und Ausstattung

IFI ist – wie bereits oben dargestellt – ein neuer, eigenständiger Studiengang, der dementsprechend auch über eigene personelle und sachliche Ausstattung verfügt. Im Finanzierungsplan sind an personeller Ausstattung vorgesehen: Fünf Professuren, die im Laufe der Durchführungsphase (bis 2004) besetzt werden sollen sowie eine technische Mitarbeiterin und für die Phase der Durchführung eine wissenschaftliche Mitarbeiterin als Begleitforschung.

Der Vorteil, für einen Frauenstudiengang neues (eigenes) Lehrpersonal zu rekrutieren, liegt auf der Hand: Es besteht die Möglichkeit Lehrpersonal zu finden, das 1. eine gute fachliche Eignung hat 2. eine positive Einstellung gegenüber monoedukativer Lehre und 3. bereit ist, über Lehren und Lernen in einem Frauenstudiengang zu reflektieren. Alle drei Eigenschaften bzw. Qualifikationen sind m.E. für den Erfolg eines Frauenstudiengangs entscheidend. Um einen profilierten, eigenständigen Studiengang zu gestalten und genügend Ausstrahlungskraft nach außen und nach innen zu entwickeln braucht es einen Lehrkörper, der sich mit dem Studiengang und seinen Zielen identifiziert. Nur so wird es möglich, dass z.B. auch wichtige Erkenntnisse über Lernstile von Frauen gewonnen werden können. Fehlt dem Lehrpersonal die Bereitschaft, bzw. die Fähigkeit dazu, wird eine wichtige Chance für die Entwicklung einer gendersensitiven Didaktik verschenkt.

Bei IFI sind derzeit drei von fünf Professuren besetzt, zwei davon sind Professorinnen. Der Studiengang verfolgt nicht explizit das Ziel, mehr Frauen in die Lehre zu holen, sondern betont, dass der/die jeweils am besten qualifizierte BewerberIn berufen werden soll. Dies ist auch notwendig, um dem Argument, dass bei IFI „Frau-Sein" bereits als fachliche Qualifikation gilt, keinen Vorschub zu leisten. Dass sich in den stattgefundenen Berufungsverfahren zwei

---

2 Schelhowe (1999 S.:20.

Frauen als die besten BewerberInnen durchsetzen konnten, ist daher umso erfreulicher.

Innerhalb des „Zentrums für Informatik und Medientechnologie" verfügt der Studiengang über eigene Räumlichkeiten: Neben den Räumlichkeiten für das Personal gibt es drei PC-Labore sowie einen Aufenthaltsraum für die Studentinnen. In zweien der PC-Labore finden die Übungen zu Veranstaltungen wie z. B. Programmieren statt. In den Zeiten außerhalb der Vorlesungen stehen die Räume den Studentinnen zur freien Übung zur Verfügung. Dieses Angebot wird von den Studentinnen in großem Umfang wahrgenommen - zu einem kleineren Teil, weil sie zuhause keinen adäquaten Computer zur Verfügung haben, zu einem größeren Teil, weil sie für die gemeinsame Arbeit an Projekten diesen öffentlichen Raum bevorzugen. Das kleinere der beiden PC-Labore dient als „Bastellabor" für Veranstaltungen mit einem hohen Praxisbezug. Hier werden in Lehrveranstaltungen Rechner auseinander und (manchmal) auch wieder zusammengeschraubt, miteinander vernetzt und verwaltet.

Der Studiengang wird während der fünfjährigen Modellphase in einem Umfang von 1 Mio. Euro zu gleichen Teilen von Bund und Land gefördert. Neben den Ausgaben für Personalkosten und dem üblichen Geschäftsbedarf u.a. Verwaltungsaufgaben stehen damit auch Mittel für den Aufbau einer kleinen Bibliothek zur Verfügung, die als Handapparat für die im Semester stattfindenden Veranstaltungen gedacht ist.

Mit diesem Fundament, d.h. eigenes Personal, eigene Räumlichkeiten und ausreichende finanzielle Mittel hat der Studiengang ausreichend Handlungs- und Gestaltungsmöglichkeiten und nicht zuletzt auch eine optische Präsenz im „Zentrum für Informatik und Medientechnologie".

2.2. Die Stützpfeiler: Anwendungsorientierung, Internationalität und Virtualität

2.2.1. Anwendungsorientierung

Anwendungsorientierung ist ein typisches Merkmal von FH-Studiengängen und trifft dem gemäß auch auf den Frauenstudiengang zu. Anwendungsorientierung, d.h. der Anspruch, dass vermitteltes Wissen transferfähig bleiben soll, beinhaltet dabei zwei Aspekte: 1. Bereits in der Ausbildung sollen phasenweise Erfahrungen mit der beruflichen Praxis gemacht werden und 2. Wissensvermittlung findet weniger in theoretischen Vorlesungen statt sondern in Veranstaltungen mit hohem Praxisanteil.

Zu 1. : Eine berufsnahe Ausbildung soll im Internationalen Frauenstudiengang Informatik durch zwei Maßnahmen sichergestellt werden: Das sechste Semester findet als Praxissemester statt (d.h. die Studentinnen absolvieren ein 20-wöchiges Praktikum und das siebte Semester als Projektsemester. Im Projektsemester soll über 12 SWS ein Projekt – möglichst in Kooperation mit einem Unternehmen – bearbeitet werden.

Zu 2. : Die Studienstruktur im Internationalen Frauenstudiengang Informatik ist so gestaltet, dass in jedem Semester eine Mischung zwischen „theorielastigen" und praktischen Veranstaltungen angestrebt wird. So findet im ersten Semester neben den Grundlagenfächern der Informatik (Mathematik, Programmieren, Informatik) eine Veranstaltung Rechnerkonfiguration statt, in der es in erster Linie darum geht, die unterschiedlichen Komponenten eines Computers kennen zu lernen. In einem praktischen Hands-on-Training wird ein Computer auseinandergebaut, Komponenten werden benannt und ausgetauscht. Da sich gezeigt hat, dass Studentinnen nur sehr vereinzelt, Erfahrungen im Hardware Bereich mitbringen, hat diese Veranstaltung durchaus eine Schlüsselfunktion innerhalb der ersten Studienphase.

Ebenso wird in dem Studiengang Wert auf berufsqualifizierende Schlüsselqualifikationen, insbesondere Kommunikations- und Teamfähigkeit gelegt. Vermittelt werden diese Schlüsselqualifikationen in systematisierter Weise in einer speziellen Veranstaltung „Kommunikationstraining".

2.2.2. Internationalität

Der Internationale Frauenstudiengang Informatik ist wie alle neueren Studiengänge der Hochschule Bremen „international". Internationalität bedeutete dabei in der ursprünglichen Konzeption schlichtweg ein obligatorisches Auslandssemester, das von den Studentinnen im fünften Semester absolviert wird. Der Auslandsaufenthalt soll die Sprachenkompetenz und die Interkulturelle Kompetenz der Studentinnen fördern. Ein nicht direkt beabsichtigter aber sehr erwünschter Nebeneffekt der Internationalität ist, dass das Studium interdisziplinär wird. Dadurch fühlen sich auch Frauen angesprochen, die nicht nur ein Interesse für Technik haben, sondern auch für Sprachen.

Bei der Umsetzung der Internationalität machte der Studiengang jedoch schnell die Erfahrung, dass sich ein Auslandssemester nicht problemlos verwirklichen lässt. Kooperationen mit internationalen Hochschulen, die dazu dienen sollen, den eigenen Studentinnen ein Studium ohne Studiengebühren im Ausland zu ermöglichen, sind nur dann möglich, wenn diese Kooperationen auf Gegenseitigkeit beruhen. Das bedeutet, dass der Frauenstudiengang sich auch international so attraktiv darstellen muss, dass Studierende aus Partnerhochschulen im Austausch nach Bremen kommen wollen.

Internationalität erfuhr dadurch eine ganz neue Gewichtung und zog eine Reihe von Veränderungen nach sich:

1. Um den Studiengang international vergleichbar zu machen, wurde die Modularisierung und das ECTS-System eingeführt.
2. Da nicht davon ausgegangen werden kann, dass internationale Studierende für ein Studiensemester in Bremen deutsch lernen, werden in Zukunft zunehmend englischsprachige Lehrveranstaltungen – in Kooperation mit den anderen Informatikstudiengängen - angeboten werden. Derzeit wird diskutiert, ob die englischsprachigen Lehrveranstaltungen ausschließlich im Wahlpflichtbereich angeboten werden sollen oder im Regelangebot.
3. Die Veranstaltung Englisch wurde aufgewertet. War es zu Beginn für Studentinnen, die ihre Hochschulzugangsberechtigung im Ausland erlangten, noch möglich Deutsch als Fremdsprache anstatt Englisch zu belegen, so entfällt jetzt diese Möglichkeit. Alle IFI-Studentinnen werden Englisch in einem Umfang von insgesamt 12 SWS belegen (müssen).
4. Es werden derzeit engere Kontakte mit internationalen Hochschulen geknüpft, um das Curriculum zu internationalisieren, i.d.S., dass einzelne Veranstaltung mittels Fernlehre in Kooperation mit internationalen Hochschulen angeboten werden.

2.2.3. Virtualität

Virtualität war in der ursprünglichen Konzeption als dritter Stützpfeiler vorgesehen. Zwei Ziele sollten damit verwirklicht werden: 1. den Studentinnen sollte eine flexible Studiengestaltung ermöglicht werden und 2. die Studentinnen sollten auf mögliche spätere Berufsformen vorbereitet werden, die der Vereinbarkeit von Beruf und Familie dienen.

In dieser Zielsetzung blieb undeutlich, inwiefern und wie weit die Präsenzlehre durch virtuelle Elemente ersetzt oder nur ergänzt werden soll. Dies führte zu Irritationen bei Studienplatzbewerberinnen: im ersten Jahrgang begannen drei Frauen aufgrund der Virtualität das Studium. Sie erwarteten, dass es möglich ist, Teile des Studiums in Fernlehre zu absolvieren. Dies kann (und will) der Studiengang jedoch – zumindest zum gegenwärtigen Zeitpunkt – nicht leisten. Auch wenn fast alle Lehrenden eine online abrufbare Dokumentation ihrer Veranstaltung auf die Internet Seiten des Studiengangs stellten, so waren diese Skripte doch nie als Ersatz sondern ausschließlich als Ergänzung zur Präsenzlehre gedacht. Um keine weiteren Erwartungen, die nicht eingehalten werden können, zu wecken wird daher Virtualität in der Werbung des Studienganges vorerst nicht mehr betont. Der Gedanke für sich ist jedoch noch aktuell und derzeit arbeitet eine Lehrende des Studiengangs an der Konkretisierung dieses Elements.

2.2.4. Bewertung der drei Stützpfeiler

Die Stützpfeiler Anwendungsorientierung, Internationalität und Virtualität wurden in erster Linie errichtet, um ein innovatives Curriculum zu schaffen, das sich an den Anforderungen der beruflichen Praxis orientiert. Informatiker und Informatikerinnen, so das Credo des Studiengangs, brauchen heutzutage nicht nur hervorragende fachliche Qualifikationen, sondern auch interdisziplinäres Wissen und sie müssen in der Lage sein, sich sozial kompetent in einem Team zu verhalten, das womöglich aus Mitgliedern mit unterschiedlichem kulturellen Hintergrund besteht. Diese Fähigkeiten sind in hohem Maße berufsqualifizierend und haben nichts mit weiblichen Zusatzqualifikationen zu tun.

Dass mit diesen drei Stützpfeilern Elemente integriert wurden, die ein Informatikstudium besonders für Frauen reizvoll machen können, ist dabei gewünscht und gewollt. In der Literatur zu den Gründen für die niedrige Präsenz von Frauen in den technischen Studiengängen wird darauf verwiesen, dass Frauen ein anwendungsbezogenes und in den fachlichen Kontext integriertes Studium bevorzugen, dass sie oft kein ausschließlich technisches Interesse haben, sondern mehrere für sie gleichwertige Interessensgebiete, dass sie aufgrund einer anderen Techniksozialisation häufig ein anderes Vorwissen mitbringen und dass Kommunikation im Lernprozess eine wichtige Rolle spielt[3]. Der Internationale Frauenstudiengang Informatik setzt in hohem Maße diese Empfehlungen um. Das Konzept ist daher geeignet, um nicht nur ein qualitativ hochwertiges Studium anzubieten, sondern gleichzeitig auch eines, das Frauen anspricht. Dabei werden nicht nur diejenigen Frauen angesprochen, die sich auch durch ein traditionelles Informatikstudium nicht hätten abschrecken lassen, sondern auch Frauen, die bei der Studienwahlentscheidung zwischen technischen Fächern und Fächern einer anderen Studienrichtung schwankten. Dies zeigt sich daran, dass knapp 40% der IFI-Studentinnen angaben, dass sie bei der Studienentscheidung sowohl Informatik als auch ein nicht-technisches Fach (v.a. Sozialpädagogik/ Psychologie oder Wirtschaftswissenschaften) in die engere Wahl mit einbezogen hätten. Die Entscheidung für IFI fiel dann aufgrund der besonderen Konzeption des Studiengangs[4].

Dass die Umsetzung dieses Konzeptes eine Sache von mehreren Jahren ist, ist nachvollziehbar. Der Studiengang ist derzeit im dritten Jahr und gemessen an den Fortschritten ist es durchaus beachtlich, was bisher geleistet wurde. Bis die

---

3   Zum Thema frauengerechte Hochschulausbildung siehe z.B. Oechtering (1998)
4   Dabei waren es jeweils unterschiedliche Elemente, die die Studentinnen ansprechend fanden. Für die einen war die Internationalität besonders attraktiv, für die anderen das Studium in einem kleinen Studiengang mit einer guten Betreuung, von dem sie sich ein positives Lernklima erwarteten. Wieder andere erwähnten explizit die Monoedukation als Bewerbungsgrund.

Stützpfeiler jedoch vollständig ausgebaut sind, wird es noch eine Weile dauern. Auf dem Weg dahin, wird sich der Studiengang über einige Probleme Klarheit verschaffen müssen, von denen zwei hier näher erläutert werden sollen:

a Frauenstudiengang oder Spezialangebot für Frauen: Der Zielkonflikt zwischen Internationalität und Virtualität

Virtualität zielte in der ursprünglichen Konzeption auf eine bessere Vereinbarkeit von Familie und Studium bzw. Berufstätigkeit und Studium ab. Gerade ein Frauenstudiengang – so der Gedanke – sollte die Lebenssituation von Studentinnen mitbedenken und berücksichtigen. Internationalität in Form eines obligatorischen Auslandssemesters erfordert dagegen einen hohen Grad an Mobilität. Die bisherigen Erfahrungen mit dem ersten Jahrgang zeigen: Ein Auslandssemester für Frauen mit Kindern ist zwar möglich, oft aber nur unter sehr erschwerten Bedingungen. Voraussetzung für die Durchführung eines Auslandsaufenthalts war bisher immer, dass es mithelfende Familienangehörige gab, die bei der Kinderbetreuung einsprangen. Genauso schwierig ist die Situation für Studentinnen, die aufgrund des Erreichens einer bestimmten Altersgrenze kein BAFöG mehr bekommen und sich das Studium ganz oder zum großen Teil selbst finanzieren. Für diese Gruppe von Studentinnen ist ein Auslandssemester aus finanziellen Gründen nur sehr schwer zu realisieren. Bei diesen Studentinnen handelt es sich jedoch häufig um Studentinnen, die sich sehr bewusst für einen Informatikstudiengang entschieden haben – oft auch bewusst für einen Frauenstudiengang – und die zum einen sehr engagiert und motiviert sind und zum anderen sehr selbstbewusst mit Vorurteilen gegenüber Frauenstudiengängen umgehen. Ob ein Frauenstudiengang auf diese Studentinnen verzichten will und kann, ist fraglich.

Denkbare Alternative wäre eine „Internationalisation at home"[5] die auch zu einer Verknüpfung von Internationalität und Virtualität führen könnte, in dem die internationalen Kontakte dazu benutzt werden, virtuelle Lerneinheiten sinnvoll in das Studium zu integrieren. Ob diese Alternative jedoch gleichwertige Erfahrungen mit einem Auslandsaufenthalt bringen kann, sei dahingestellt. Die zweite wichtige Erkenntnis aus dem ersten IFI-Jahrgang mit dem obligatorischen Auslandsaufenthalt war nämlich: Auch und vielleicht gerade für die Studentinnen, die zu Beginn des Studiums einem Auslandsstudium – aus anderen Gründen als Familie oder Beruf - sehr zögerlich gegenüberstanden, war das Auslandssemester eine sehr bereichernde Erfahrung.

---

5 „Internationalisation at home" bedeutet ein Konzept, das davon ausgeht, dass Internationalität mehr ist als Studierendenaustausch und zielt darauf ab, globale Perspektiven in die gesamte Studienstruktur zu integrieren. Ein internationales Studium wäre dann auch ohne Auslandsaufenthalt möglich.

b   Wie viel ist genug? – Die Gefahr einer Überfrachtung mit Zielsetzungen

An dem oben angeführten Beispiel wird das Problem eines profilierten Studiengangs deutlich. Mit den innovativen Elementen wie Internationalität und Virtualität gibt sich der Studiengang zusätzlich zur Monoedukation eine weitere Spezialisierung. Damit werden nicht mehr Frauen allgemein angesprochen, sondern womöglich nur noch bestimmte Untergruppen. Entwickelt sich der Studiengang beispielsweise dahin, dass Internationalität stärker als bisher fokussiert wird, dann wird sich der Studiengang verstärkt an Interessentinnen richten, die bereits eine internationale Orientierung mitbringen (dies beinhaltet dann neben der Mobilität z.B. auch die Anforderungen an Sprachkenntnisse). Dies wird dann aber wieder zu verstärkten Ausschlussmechanismen für berufstätige Frauen bzw. Frauen mit Kindern führen.

Nach den ersten Erfahrungen mit dem Studiengang und deren Evaluation wird der Studiengang stärker als bisher eine Strategie für die Umsetzung der im Konzept festgelegten Stützpfeiler entwickeln müssen. Dabei wird er sich auch darüber klar werden müssen, ob der Preis für eine Profilierung und Spezialisierung ist, dass nicht mehr Frauen allgemein, sondern Frauen mit bestimmten Erwartungen und Bedürfnissen aber auch Voraussetzungen angesprochen werden.

2.3. Das Dach – Qualität der Lehre

Das Lernverhalten Studierender wird in nicht unerheblichem Maße von der Qualität der Lehre bestimmt[6]. Lernmotivation und längerfristiges Interesse[7] an der Informatik können also entscheidend durch eine geeignete Lehrkonzeption gefördert werden. Diese Aussage trifft für alle Studiengänge zu, aber in besonderem Maße auf den Internationalen Frauenstudiengang Informatik. In einer Zwischenauswertung des Grundstudiums im ersten Jahrgang wurde deutlich, dass bestimmte Lehrkonzeptionen besser als andere geeignet sind, Interesse zu fördern. Die wesentlichsten Punkte dabei sind, dass a) Lernfortschritte ermöglicht werden b) deutlich wird, dass die Lehrenden an den Lernfortschritten der Studentinnen interessiert sind c) in den Veranstaltungen deutlich wird, warum und wie etwas gelernt werden soll. Auf diese Punkte wird im folgenden kurz eingegangen:

---

6   S. z.B. : Winteler (2000)
7   In der Literatur wird zwischen situationalem und individuellen Interesse unterschieden. Situationales Interesse bezeichnet das aus einer bestimmten Situation heraus entstandene Interesse, eine Art Interessiertheit oder Neugier. Das individuelle Interesse ist eine individuelle motivationale Disposition, d.h. eine Art zeitüberdauerndes Persönlichkeitsmerkmal.

a   Lernfortschritte ermöglichen

Im Internationalen Frauenstudiengang Informatik werden keine informatikspezifischen Vorkenntnisse vorausgesetzt. Dementsprechend gibt es zu Studienbeginn in jedem Jahrgang eine große Spannbreite zwischen Studentinnen mit sehr geringen Vorkenntnissen und solchen, die bereits über gute Vorkenntnisse verfügen. Der Ausgleich zwischen diesen unterschiedlichen Vorkenntnissen geschieht ansatzweise im Rahmen eines dem Semester vorgelagerten Propädeutikum. Dennoch bleibt es in hohem Maße Aufgabe der Lehrenden Veranstaltungen zu konzipieren, in denen auf die (individuell unterschiedlichen) Vorkenntnisse und ein jeweils unterschiedliches Lerntempo eingegangen wird. Denn Studentinnen fühlen sich dann von Veranstaltungen angesprochen, wenn sie das Gefühl haben, gefordert zu sein, ohne über- oder unterfordert zu werden.

b   Engagement der Lehrenden

Eine Studentin begründete ihre Vorliebe für Mathematik so: „(die Lehrende) war immer so begeistert von der Mathematik, da dachte man, das muss einfach interessant sein". Damit drückte sie die Faktoren, die für sie und die meisten der anderen IFI-Studentinnen für eine gute Lehre wichtig sind, aus: Eine Begeisterung für das eigene Fach ausstrahlen und vermitteln, dass man daran interessiert ist, dass die Studentinnen dieselbe Begeisterung für das Fach entwickeln können. Dies macht sich dann an unterschiedlichen Faktoren fest, wie z. B. die Fähigkeit auf Fragen einzugehen oder die Bereitschaft auch außerhalb der Lehrveranstaltungen für Fragen zur Verfügung zu stehen.

c   Struktur und Aufbau einer Veranstaltung

Die Studentinnen wollen wissen, warum sie etwas lernen sollen und sie wollen zu Beginn der Veranstaltung einen strukturierten Überblick darüber bekommen, was und wie sie etwas lernen sollen. Dieser in den Interviews geäußerte Wunsch hat zwei Aspekte: Zum einen mag er ein Indiz für einen von Frauen bevorzugten Lernstil sein (d.h. erst Überblickswissen verschaffen und sich dann in die konkreten Details einarbeiten)[8]. Zum anderen fördert die Einsicht, warum etwas gelernt werden soll, das selbstbestimmte Lernen. Die Studentinnen können sich dann bewusst für (oder auch gegen) eine Veranstaltung entscheiden.

Dies sind nur einige der wesentlichen Punkte, die bei der Diskussion um die Qualität der Lehre zu beachten sind. In einem Frauenstudiengang scheinen Lehrkonzeptionen eine besonders wichtige Rolle zu spielen, daher wäre es sinnvoll, wenn die Lehrenden ein verbindliches Lehr- und Lernparadigma entwickeln würden.

---

8   Dieser Fragestellung wird innerhalb der Evaluation weiter nachgegangen.

2.4. Der Grund und Boden – Monoedukation

Bleibt man in dem Bild, ein neuer Studiengang ist wie ein Haus, dass man erbaut, dann wäre die Monoedukation der Grund und Boden, auf dem sich das neue Gebäude befindet. Dass die Monoedukation erst an letzter Stelle in diesem Bericht Erwähnung findet, hat dabei zwei Gründe:

Zum einen wird damit der Marketingstrategie des Studiengangs gefolgt. Im Informationsmaterial werden die innovativen Elemente des Studiengangs herausgestellt, aber nicht extra die Monoedukation. Dies soll dazu beitragen, dass Monoedukation als etwas Selbstverständliches wahrgenommen wird, das keiner besonderen Rechtfertigung bedarf. Diese Strategie ergab sich aus der Erfahrung heraus, dass viele Studentinnen in den Eingangsinterviews ambivalent reagierten, wenn sie nach ihrer Meinung zu einem monoedukativen Angebot befragt wurden: explizit lehnen sie einen Frauenstudiengang ab, implizit räumen sie jedoch häufig die Vorteile ein, die ein Frauenstudiengang für sie hat. Diese Vorteile waren für sie in erster Linie:

- Kein „Mackergehabe" von Jungs, die es besser wissen oder meinen, es besser zu wissen
- nicht die einzige oder eine der wenigen Frauen in einem Studiengang zu sein
- ein besseres Lernklima in einem Frauenstudiengang (v.a. dass es leichter fällt, Fragen zu stellen)
- in einer Lernumgebung zu sein, in der auf die Vorkenntnisse der Studentinnen eingegangen wird und in der sich andere Studentinnen mit vergleichbaren Vorkenntnissen befinden.

Der zweite Grund, warum Monoedukation in diesem Bericht bisher keine Rolle spielt, ist, weil er im Studiengang in der Tat keine Rolle spielt. Es werden keine „frauenspezifischen" Inhalte gelehrt und zumindest zum gegenwärtigen Zeitpunkt wird nicht mit einer „frauenspezifischen" Didaktik unterrichtet. Das besondere und das innovative sind die oben dargestellten Elemente.

Warum also überhaupt Frauenstudiengängen? Die Argumente gegen Frauenstudiengänge sind zahlreich und wiegen schwer. Neben dem bereits erwähnten Problem der Vorurteile gegenüber Frauenstudiengänge, wird ihnen vorgeworfen, eine Polarisierung der Geschlechter zu betreiben. Ein weiteres wichtiges Argument gegen Frauenstudiengänge ist, dass der Eindruck entstehen könne, dass es die Frauen sind, die ein Problem hätten und deshalb müsse für sie ein gesonderter Bereich geschaffen werden. Dabei werde übersehen, dass es die geschlechterfeindlichen Strukturen seien, die Frauen von einem technischen Studium abhielten, bzw. dass es eine bestimmte Art des männliches Verhalten sei, dass sich ändern müsse[9].

Diesen Contra Argumenten stehen ein paar Pro-Argumente gegenüber, die sich u.a. aus der bisher positiven Erfahrung mit Frauenstudiengängen ergeben haben:

Frauenstudiengänge erhöhen den Anteil an weiblichen Studierenden in der Informatik (bzw. in anderen technischen Studiengängen). Im Internationalen Frauenstudiengang Informatik gab es bisher pro Studienjahr das zwei- bis dreifache an Bewerberinnen. Mit einer Jahrgangsgröße von 30 Studentinnen hat der Studiengang dazu beigetragen, dass sich der Frauenanteil in den Informatikstudiengängen insgesamt sprunghaft erhöht hat. Durch keine andere Maßnahme hätte sich im selben Zeitraum der Frauenanteil in einem nur annähernd vergleichbaren Umfang steigern lassen.

Wie bereits des öfteren erwähnt: Ein Frauenstudiengang schafft die optimalen Voraussetzungen, um etwas darüber zu lernen, wie Frauen lernen (bzw. ob es Unterschiede in den Lernstilen gibt).

Ein Frauenstudiengang senkt die Hemmschwelle, ein Informatikstudium zu beginnen, weil ein bestimmter fachspezifischer Mythos, nachdem Informatikstudierende männliche Computerfreaks sind, aufgehoben wird[10]. Dies bedeutet zum einen, dass die vermutete Differenz zwischen den fachlichen Anforderungen und den eigenen Vorkenntnissen reduziert wird, zum anderen dass ein Freiraum geschaffen wird, in dem das männlich besetzte Stereotyp „Informatiker" keine Gültigkeit mehr hat[11]. Innerhalb dieses Freiraums entsteht die Chance, dass sich ganz neue Identitäten bilden können und sich neue Wege finden lassen, wie Frauen zu Informatikerinnen werden. Oder wie es eine Studentin auf die Frage, ob Informatik ein Fach ist, das zu ihr passt, ausgedrückt hat: „Informatikerin, das ist für mich ein leeres Blatt Papier. Von daher habe ich auch gar keine Probleme damit zu sagen, ich bin Informatikerin".

---

9   Siehe dazu: Byrne (1993)
10   Untersuchungen an der Carnegie Mellon University in den USA haben die Auswirkungen des Stereotyps, wonach Informatikstudierende über einen hohen Grad an „Besessenheit" und ausschließlichem Interesse an der Informatik verfügen, untersucht. Dabei stellten sie fest, dass sich zwar 1/3 der Männer und 2/3 der Frauen nicht mit diesem Stereotyp identifizieren würden, dass dies aber bei Frauen zu größeren Zweifeln an ihrer Befähigung, Informatik zu studieren führen würde als bei Männern. Siehe dazu: Margolis/ Fischer (2000)
11   Auch die Begleitforschung aus dem Frauenstudiengang Wirtschaftsingenieurwesen in Wilhelmshaven hebt als ein Ergebnis hervor, dass Zugangsschwellen für technische Studiengänge abgemildert werden. Siehe dazu: Gransee/ Knapp (2002)

3. Fazit

Frauenstudiengänge können dann ein Erfolg werden, wenn sie eine qualifizierte innovative Ausbildung anbieten. Wenn mit Frauenstudiengängen gleichzeitig eine eigene Infrastruktur und eine eigene Ausstattung geschaffen werden, dann besteht die Möglichkeit, dass die Erkenntnisse der Forschung zum Thema Frauen und Technik umfassender in die Praxis umgesetzt werden, als es in koedukativen Studiengängen möglich ist. Der größte Nachteil für Frauenstudiengänge sind Vorurteile, dass in Frauenstudiengängen „Light-Versionen" der jeweiligen Studiengänge angeboten werden. Daher müssen Frauenstudiengänge nicht nur mit Qualität werben, sondern diese auch bieten und v.a. Qualität transparent machen. Qualität bedeutet dabei auch eine stärkere Profilierung durch Elemente, die über die Monoedukation hinausreichen. Dabei muss die Gefahr in Kauf genommen werden, dass sich durch eine Spezialisierung auch die Zielgruppe verändert und eventuell verkleinert.

Insgesamt gesehen hat der Internationale Frauenstudiengang Informatik ein Konzept, das gut geeignet ist, Frauen für die Informatik nicht nur zu werben sondern auch längerfristig zu interessieren. Bei der Umsetzung des Konzeptes ist der Studiengang noch nicht am Ziel angekommen, aber derzeit auf einem guten Weg.

Literatur

Byrne, Eileen M. (1993): Women and Science: The snark syndrom. London/ Washington

Gransee, Carmen/ Knapp, Gudrun-Axeli (2002): Abschlussbericht der wissenschaftlichen Begleitung des „Frauenstudiengangs Wirtschaftsingenieurswesen" an der Fachhochschule Wilhelmshaven.

Margolis, Jane/ Allan Fisher (2002): Unlocking the clubhouse. Women in computing. Cambridge u.a.

Oechtering, Veronika (1998): Frauengerechte Hochschulausbildung in technischen Studiengängen. In: Oechtering, Veronika/ Gabriele Winker (Hrsg): Computernetze Frauenplätze. Opladen.

Schelhowe, Heidi (1999): Gutachten. Empfehlungen zur Einrichtung eines Internationalen Frauenstudiengangs Informatik an der Hochschule Bremen.

Winteler, Adi (2000): Zur Bedeutung der Qualität der Lehre für die Lernmotivation Studierender. In: Schiefele, Ulrich/ Klaus-Peter Wild: Interesse und Lernmotivation. Münster u.a.

Dr. rer. pol. Dipl.- Ing. Christiane Erlemann, Dipl.-Soz. Ulla Ruschhaupt

Perspektiven für die wissenschaftliche Weiterqualifizierung von Ingenieurinnen und die Innovation der Lehre an Fachhochschulen

Im Mai 2002 wurde die Technische Fachhochschule Berlin (TFH) mit dem „Total E-Quality Science Award" ausgezeichnet. Dieses Prädikat würdigt zehn Jahre institutioneller Frauenpolitik, davon acht Jahre mit wissenschaftlicher Nachwuchsförderung und fast fünf Jahre mit weiteren besonderen Projekten zur Frauenförderung in Naturwissenschaft und Technik.

Zunächst einige Zahlen zur Technischen Fachhochschule Berlin. Mit etwa 8.000 Studierenden im Wintersemester 2001/2002 ist sie die größte Fachhochschule mit ingenieurwissenschaftlichem Studienangebot in Berlin und Brandenburg. In acht Fachbereichen kann zwischen 45 Studiengängen gewählt werden, ergänzt durch mehr als 100 Labore.

Der Frauenanteil an den Studierenden beträgt dabei 28%, bei den Neuimmatrikulierten sind es ca. 30%. Das war nicht immer so: 1987 waren es noch 15%, ganz zu schweigen von den 70er Jahren mit einem marginalen Frauenanteil von etwa 5%. Auch bei den Professorinnen ist die Entwicklung erfreulich: Ende 2001 waren von den 290 Professuren 12% mit Frauen besetzt, gegenüber knapp 5% noch 1991. Drei Professorinnen wurden 2002 zu Prodekaninnen gewählt, und in dem vierköpfigen Präsidium ist eine Frau.

Heute möchten wir aus dem Projektverbund „Chancengleichheit für Frauen an der TFH" zwei Projekte vorstellen. Den Projektverbund gibt es seit 2001. In ihm wurden an der TFH bereits existierende und neue Maßnahmen zur Verankerung von innovativen Elementen in Lehre und Forschung wie Studienreformprojekte, Genderthemen und internationale Aspekte sowie Maßnahmen zur personengebundenen Förderung aufeinander abgestimmt und miteinander verknüpft. Koordinatorin des Projektverbundes ist die zentrale Frauenbeauftragte der TFH, Dipl.-Ing. Heidemarie Wüst.

Folgende vier Projekte sind im Projektverbund zusammengefasst:

- Projekt „Hypatia" zur personenbezogenen wissenschaftlichen Nachwuchsförderung von Frauen;
- Projekt „Qualifizierung" zur Weiterqualifizierung von Frauen für Leitungsaufgaben und Vermittlung von Führungskompetenz sowie zur Vorbereitung eines Mentoring-Programms;
- Projekt „Studienreform, Schnupperstudium" zur Umsetzung geschlechtsspezifischer Aspekte des Lehrens und Lernens als Hoch-

schulinnovation sowie zur Durchführung von Schnupperstudien für Schülerinnen und Infotagen für Studienanfängerinnen;
- Projekt „Gender/ Innovationsprofessuren, Internationalisierung".

Teil 1: Das Gender/ Innovationsprogramm an der TFH Berlin

Dr. rer. pol. Dipl.- Ing Christiane Erlemann

Das Projekt „Gender/ Innovationsprofessuren, Internationalisierung" wurde von Prof. Dr.-Ing. Elfriede Herzog konzipiert, die auch die wissenschaftliche Leitung inne hat; ich bin wissenschaftliche Mitarbeiterin. Finanziert wird das Projekt zum größeren Teil aus dem Hochschul-Wissenschaftsprogramm zur Förderung der Entwicklung von Fachhochschulen (HWP II) und zum kleineren Teil aus dem Berliner Programm zur Förderung der Chancengleichheit von Frauen in Forschung und Lehre, entwickelt aus dem HWP I.

Ich betone dies, um zu verdeutlichen, dass Frauenförderung nicht notwendigerweise aus Frauenfördertöpfen finanziert werden muss. Das HWP II enthält – wie auch die Programme HWP III bis VI – die Vorgabe, bei personenbezogenen Programmanteilen eine Frauenbeteiligung von 40% anzustreben. Wir als Technische Fachhochschule haben einen besonderen Nachholbedarf, also verwenden wir 100% der Gelder für Frauenförderung. Das wird akzeptiert. Die Fördersumme beträgt jährlich ca. 121.300€; die Programme laufen bekanntermaßen von 2001-2003, eine Verlängerung bis 2006 ist möglich. So kann eine Professur pro Jahr eingerichtet werden.

Was sind Gender/ Innovationsprofessuren? Gender/ Innovationsprofessuren sind Vollzeit-Professuren, die für zwei Jahre vorfinanziert werden. Die Professorinnen werden an einen Fachbereich berufen und für die ersten beiden Jahre zur Hälfte von der Lehre freigestellt, um innovative Projekte des Fachbereichs zu bearbeiten und dadurch nachhaltig neue Schwerpunkte in der Lehre zu implementieren.

Warum zwei Jahre?

Durch das Erreichen der Altersgrenze scheiden laufend Professoren aus, in den nächsten zehn Jahren an allen Hochschulen ganz besonders viele. Somit entsteht Bedarf für Neubesetzungen. Der jeweilige Fachbereich weist diesen Bedarf nach, um die frei werdenden Stellen neu zu besetzen. Diese Stellen dürfen an der TFH Berlin jedoch nicht automatisch durch den Fachbereich wiederbesetzt werden, sondern gehen zunächst in einen allgemeinen Hochschulpool ein. Der Akademische Senat entscheidet über Anträge auf Zuweisung von Stellen und kann so Akzente in der Profilbildung der Hochschule setzen.

Fachbereiche aktualisieren ihren Stellenspiegel laufend und wissen frühzeitig, wann Kolleginnen oder Kollegen ausscheiden werden. An diesem Punkt setzt das Gender/ Innovationsprogramm an. Weist beispielsweise ein Fachbereich den Bedarf für eine ProfessorInnenstelle für 2005 nach, kann er schon 2003 eine Gender/ Innovationsprofessur bekommen. Voraussetzung ist, dass er ein innovatives Projekt entwirft, dem sowohl die Frauen FörderKommission als auch der Akademische Senat zustimmt. Und natürlich, dass er bereit ist, in jedem Fall eine Frau zu berufen; sie wird von Anfang an auf Lebenszeit berufen.

Das Geschenk, das er dafür bekommt, ist sehr groß: Er bekommt eine zusätzliche Professorin zwei Jahre, bevor der Bedarf entsteht. Diese Professorin bearbeitet nicht nur ein Projekt, das den Fachbereich voranbringt, sondern soll von Anfang an mit der Hälfte ihres Lehrdeputats in der regulären Lehre eingesetzt werden. Möchte der Fachbereich die andere Hälfte des Lehrdeputats auch noch gern sofort einsetzen, so können diese Stunden durch Lehrbeauftragte abgedeckt werden.

Ziele der Gender/ Innovationsprofessuren

Als vorrangiges Ziel soll der Anteil der Frauen in der Lehre der Ingenieurstudiengänge erhöht werden, weil dadurch Vorbilder für Studierende geschaffen werden und die Normalität von Frauen in Naturwissenschaft und Technik gelebt wird. Das ist es aber nicht allein: Chancengleichheit von Frauen und zukunftweisende Lehre sollen verbunden werden, um die geforderte Strukturreform der Hochschule nachhaltig umzusetzen. Und schließlich soll das Curriculum ingenieurwissenschaftlicher Fächer um die Genderperspektive erweitert werden Insgesamt stärkt eine Gender/Innovationsprofessur den Fachbereich und macht ihn für Studentinnen attraktiver. Daher liegt die Initiative bei den Fachbereichen: Sie konzipieren ein Gender/Innovationsprojekt und konkurrieren bei der Beantragung untereinander.

Welche Projekte der Fachbereiche werden gefördert?

Werden Ergebnisse der Frauen- und Geschlechterforschung in der Lehre verankert, ist dies unbedingt förderungswürdig. Möglich ist dies aber bisher nur in einigen unserer Fächer, etwa Architektur oder Lebensmitteltechnologie. Es gibt andere sinnvolle Projektziele, etwa den Aufbau zukunftsweisender Studiengänge – an Fachhochschulen können dies Bachelor- und Masterstudiengänge oder interdisziplinäre Studiengänge sein –, denn es erhöht auch die Chancen von Frauen, sich gezielt an solchen Entwicklungsschwerpunkten zu platzieren und diese zu gestalten. Außerdem werden strukturinnovative Ziele gefördert, z. B. innovative Lehr- und Lernformen wie etwa das Projektstudium oder projektorientierte Übungen; schließlich die Internationalisierung von Studiengängen. Optimal ist die Verknüpfung mehrerer Ziele in einem Projekt. Eine Grafik soll das Konzept verdeutlichen.

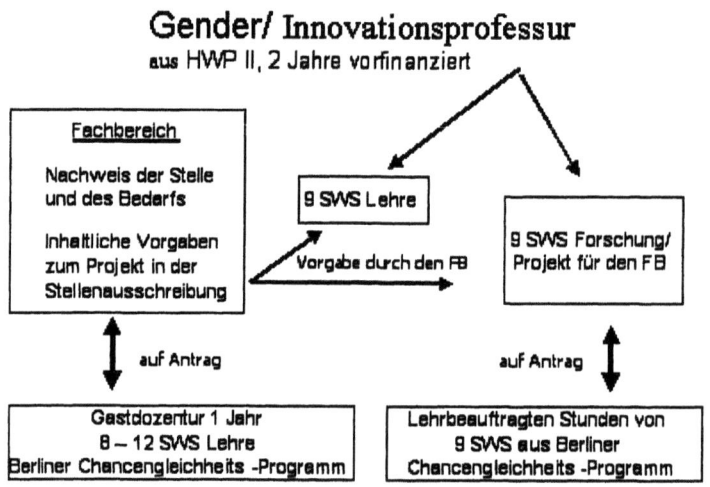

Grafik: Projektverbund Chancengleichheit

Zur Erläuterung

Von dem Wort „Professur" in der Überschrift gehen zwei Pfeile aus: einer zu „9 SWS Lehre" und einer zu „9 SWS Forschung/ Projekt für den Fachbereich". Hier findet sich die Definition der Gender/ Innovationsprofessur wieder: Die Professorin wird zur Hälfte von der Lehre freigestellt, um innovative Projekte des Fachbereichs zu bearbeiten. Wichtig ist aber auch, dass sie zur anderen Hälfte von Anfang an in die reguläre Lehre eingebunden wird. Das entlastet, wie schon gesagt, den Fachbereich, ist für sie selbst aber auch von Vorteil, denn so lernt sie den Hochschulalltag kennen, leistet dieselbe Arbeit wie ihre Kolleginnen und Kollegen und läuft weniger Gefahr, als „Fremdkörper" empfunden zu werden. Zudem soll die von ihr erarbeitete Strukturinnovation – die sich ja immer auf die Lehre bezieht – von Anfang an mit mindestens 4 SWS in einem Pflichtfach oder Wahlpflichtfach erprobt werden mit dem Ziel, nach vier Semestern in das reguläre Curriculum integriert zu sein.

Den größten Baustein in der Grafik bildet der Fachbereich, und das ist Absicht. Der Fachbereich muss den Bedarf für diese Stelle nachweisen, und er konzipiert das Projekt, das auch in der Stellenausschreibung benannt wird. Die Ausschreibung enthält beides: die Anforderungen an die fachliche Grundqualifikation mit den geplanten Einsatzgebieten sowie das Projekt.

In der unteren Zeile liegen als zwei weitere Bausteine die „Bonbons", mit der die Gender/ Innovationsprofessur besonders attraktiv wird. Rechts unten finden sich die Lehrbeauftragten-Stunden wieder, die aus dem Berliner Chancengleichheitsprogramm finanziert werden. Sie erhalten die Lehre aufrecht, während das Innovationsprojekt erarbeitet wird; somit wird im Tausch das Förderziel „Maßnahmen zur weiteren Verankerung von Frauen- und Geschlechterforschung" erfüllt.

Links unten findet sich die Möglichkeit, dem Projekt auch noch eine Gastdozentin zuzuordnen. Bei größeren Gender/ Innovationsprojekten, etwa dem Aufbau eines neuen Studiengangs, bietet sich das sofort an, aber auch andere Projekte, die zunächst kleiner angedacht waren, werden dadurch ausbaufähig.

Umsetzung innerhalb der TFH Berlin

Folgende Schritte werden durchlaufen:

→ Konzeption eines Gender/ Innovationsprojekts durch den Fachbereich

→ Nachweis des Bedarfs für eine Professur. Befürwortung des Antrags durch die Frauen FörderKommission

→ Zuweisung der Stelle durch den Akademischen Senat der TFH. Reguläres Ausschreibungs- und Berufungsverfahren. Projektbegleitung durch den Projektverbund „Chancengleichheit für Frauen"

Finanzierungsmodell

Die jährliche Fördersumme von 121.300 € setzt sich zusammen aus 104.800 € aus dem HWP II und 16.500 € aus dem Berliner Chancengleichheitsprogramm. Zu beachten ist dabei, dass der Bundesanteil aus dem HWP II wegen leerer Landeskassen in Berlin zu 100 % von der Hochschule gegenfinanziert werden muss. Diese Bedingung erfüllt die TFH Berlin u.a. durch zwei halbe Mitarbeiterinnenstellen im Projektverbund Chancengleichheit. Das Berliner Chancengleichheitsprogramm muss zu 25 % gegenfinanziert werden.

Wie schon gesagt, deckt der Anteil aus dem Berliner Chancengleichheitsprogramm lediglich Lehrbeauftragten-Stunden ab; die Professuren werden allein aus dem HWP II finanziert. Eine C2-Professur wird pro Jahr mit 52.400 € veranschlagt, daraus ergibt sich für eine zweijährige Förderung die Summe von 104.800 €. Essentiell für das Funktionieren dieses Finanzierungskonzepts ist die Möglichkeit, nicht abgerufene Mittel von einem Jahr in das nächste zu verschieben, denn wir sind mit der ersten Professur 15 Monate und mit der zweiten 9 Monate im Verzug, das heißt in 2003 wird ein Großteil der Ausgaben für die beiden vergangenen Jahre mit anfallen.

Drei Gender/ Innovationsprofessuren für 2001 – 2003

Die erste Professorin ist mittlerweile berufen und wird Anfang 2003 ihren Dienst antreten. Gesucht wurde eine Juristin für das Fachgebiet „Wirtschaftsprivatrecht/ Europäisches und internationales **Wirtschaftsrecht**" im Studiengang Betriebswirtschaft. Zu ihren Aufgaben wird es auch gehören, Gleichstellungsfragen im Deutschen und Europäischen Recht im Rahmen des Allgemeinwissenschaftlichen Studienangebots für alle Studiengänge zu behandeln. Das Gender/ Innovationsprojekt lautet: „Entwicklung und Einführung des geplanten Studienschwerpunkts Wirtschaftsrecht sowie Verankerung von international ausgerichteten und am Gender Mainstreaming orientierten Lehrveranstaltungen".

Der zweite Antrag bezieht sich auf eine Mathematikerin, die sowohl in der **Mathematikausbildung für Ingenieure** als auch im Diplomstudiengang Mathematik eingesetzt werden soll. Das Gender/ Innovationsprojekt zielt auf den Studiengang mit dem geringsten Studentinnenanteil und lautet: „Mathe-Lernen in der Praxis: Anwendungsprojekte im Mathematik-Grundstudium des Studiengangs Elektrotechnik – Kommunikationstechnik und Elektronik". Das Berufungsverfahren ist so weit fortgeschritten, dass die neue Professorin voraussichtlich zum Sommersemester 2003 ihre Arbeit aufnehmen kann.

Das dritte Projekt beinhaltet den Aufbau eines neuen Studiengangs im Baubereich. Ohne die Bindung der Finanzierung an die Berufung einer Frau wäre aufgrund der überwältigenden männlichen Mehrheit die Chance, eine Professorin berufen zu können, bei einer üblichen Ausschreibung sehr gering. Gesucht wird eine Bewerberin aus den Studiengängen des Bauwesens oder vergleichbarer Studienrichtungen mit ähnlichen Schwerpunkten für den Aufbau eines Studiengangs **Facility-Management** unter besonderer Berücksichtigung frauenfördernder Aspekte. Auch diese Professur soll in 2003 besetzt werden.

Anträge für 2004 und 2005 sind bereits in Arbeit, so dass wir jetzt nur hoffen, dass die Zwischenevaluation des Förderprogramms eine Fortführung bis 2006 ermöglicht.

Perspektiven für die wissenschaftliche Weiterqualifizierung

Attraktivitätssteigerung technischer Studiengänge

Es fällt leicht, das Gender/ Innovationsprogramm der TFH Berlin auf die hier zur Diskussion stehenden „12 Thesen zur Attraktivitätssteigerung technischer Studiengänge" zu beziehen, denn das Ziel, „Geschlechterparität beim Lehrpersonal zu forcieren", ist unübersehbar (These 5). Es steht aber nicht isoliert für sich, sondern ist verbunden mit zukunftsweisender Lehre und mit der Erweiterung des Curriculums um die Genderperspektive.

Kontakt und Information

Prof. Dr. Elfriede Herzog   herzog@tfh-berlin.de

Dr. Christiane Erlemann   erlefrau@tfh-berlin.de

http://www.tfh-berlin.de/frauen/gender

Teil 2: Hypatia Programm der TFH Berlin

Dipl.-Soz. Ulla Ruschhaupt

Das Hypatia Programm ist ein weiteres Projekt des Projektverbundes „Chancengleichheit für Frauen an der TFH Berlin". Es ist das besondere Programm zur personengebundenen Förderung von TFH-Absolventinnen und Nachwuchswissenschaftlerinnen, die eine Tätigkeit in der Lehre und Forschung an einer Hochschule anstreben. In dem Hypatia Programm wurden finanzielle Maßnahmen und Betreuungsmaßnahmen aufeinander abgestimmt und miteinander verknüpft, um Ingenieurinnen und Naturwissenschaftlerinnen auf dem Weg in die Wissenschaft zu ermutigen und zu unterstützen.

Im folgenden werde ich in der gebotenen Kürze das Hypatia Programm vorstellen und dabei folgende Punkte ansprechen

- Förderziele
- Fördermaßnahmen und Finanzierung des Hypatia Programms
- Aufbau und Struktur des Betreuungsprogramms
- Förderpraxis in Zahlen

Zum Schluss werde ich die Erfolge des Programms resümieren.

Förderziele

Das Hypatia Programm der TFH gibt es bereits seit 1994. Im Verlauf der Förderpraxis wurden Ziele und Maßnahmen immer wieder diskutiert und modifiziert. Seit 2001 orientiert das Hypatia Programm auf eine stärkere Verknüpfung der personengebundenen Förderung mit Innovationen in der Forschung und Lehre. Das heißt, die Fördermaßnahmen sollen zum einen darauf hinwirken, dass Frauen in der Lehre und Forschung in den ingenieurwissenschaftlichen Fächern langfristig keine Ausnahme sondern Alltäglichkeit sind. Hierauf zielt die Förderung von herausragenden TFH-Absolventinnen und von Nachwuchswissenschaftlerinnen. Zum anderen sollen die personengebundenen Fördermaßnahmen perspektivisch zu einer Innovation der Lehre und Forschung in den ingenieurwissenschaftlichen und informationstechnischen Fächern beitragen. Entsprechend ist es erwünscht, dass die geförderten Frauen in ihren Forschungsarbeiten bzw. Promotionsvorhaben Aspekte der Studienreform, Internationalisierung und/oder Genderthematik aufgreifen.

Fördermaßnahmen und Finanzierung des Hypatia Programms

Stipendien und Gastdozenturen

Zur Erreichung der definierten Förderziele werden seit 2001 in das Hypatia Programm herausragende TFH-Absolventinnen und Nachwuchswissenschaftlerinnen aufgenommen, die sich in der Wissenschaft positionieren wollen. Sie erhalten über die Vergabe von Stipendien und Gastdozenturen eine finanzielle Grundausstattung für ihre Forschungs- bzw. Qualifizierungsarbeit. Diese Stipendien und Gastdozenturen werden jährlich hochschulintern öffentlich ausgeschrieben. Im einzelnen sind dies

- Stipendien zur Entwicklung/Vorbereitung eines Promotionsvorhabens für sehr gute Absolventinnen der TFH.

  Diese Stipendien werden für einen Zeitraum von bis zu 6 Monaten vergeben. Die Fördersumme beträgt für die 6 Monate insgesamt rund 5.110€.

- Promotionsstipendien ebenfalls für sehr gute Absolventinnen der TFH zur Unterstützung eines Promotionsvorhabens.

  Die Laufzeit der Promotionsstipendien variiert in Abhängigkeit von Aufgabenstellung sowie Zielsetzung. Die Förderbewilligung wird maximal für ein Jahr ausgesprochen. Es besteht die Möglichkeit, einen weiter gehenden Förderantrag zu stellen. Die Höhe der einjährigen Promotionsstipendien beträgt 10.226€.

  Die Stipendien zur Vorbereitung und zur Durchführung eines Promotionsvorhabens sollen den herausragenden TFH-Absolventinnen den Einstieg in eine gezielte wissenschaftliche Karriereplanung ermöglichen. An dieser Stelle sei angemerkt, dass der Anteil von Frauen unter den Studierenden der TFH, die ihr Studium mit der Note „Sehr gut" abschließen, überdurchschnittlich hoch ist.

Gastdozenturen, dotiert nach 2/3 BAT Ia

Auf Gastdozenturen können sich Frauen mit einem naturwissenschaftlich/ technischen Studienabschluss bewerben, die sich für eine Professur in einer naturwissenschaftlich-technischen Disziplin weiterqualifizieren wollen. Auf den Hypatia Gastdozenturen haben sie die Möglichkeit, Erfahrungen in der Lehre zu erwerben und Erfahrungen in der beruflichen Praxis auszubauen. Neben der Promotion sowie der pädagogischen Eignung definiert der § 100 des BerlHG als Berufungsvoraussetzung insgesamt eine fünfjährige wissenschaftliche Berufstätigkeit, von der drei Jahre auch außerhalb des Hochschulbereichs liegen müssen.

Finanzierung: Für die Stipendien und Gastdozenturen stehen der TFH bis vorerst 2003 jährlich Mittel in Höhe von ca. 90.000€ aus dem Berliner Programm zur Förderung der Chancengleichheit von Frauen in Forschung und Lehre (Berliner Programm) zur Verfügung.

Auswahl: Die Auswahl der Stipendiatinnen und Gastdozentinnen trifft die Frauen FörderKommission (FFK), eine vom Akademischen Senat der TFH eingesetzte viertelparitätisch besetzte Kommission. Sie zeichnet nicht nur für das Hypatia Programm, sondern insgesamt für die Vergabe der personengebundenen Mittel des Projektverbundes Chancengleichheit für Frauen an der TFH verantwortlich.

Aufbau und die Struktur des Betreuungsprogramms

Neben der Vergabe von Stipendien und Gastdozenturen gehört zum Förderkonzept des Hypatia Programms eine fachgebietsbezogene Betreuung der Lehr- und Forschungstätigkeit der geförderten Frauen durch Professorinnen bzw. Professoren der TFH und eine fachübergreifende Betreuung durch das Hypatia Projekt.

Betreuung durch eine Professorin bzw. einen Professor der TFH

Die Betreuung einer Gastdozentin oder Promovendin durch eine Professorin oder einen Professor der TFH setzt dabei bereits mit Beginn des Bewerbungsverfahren ein. Mit der für eine Bewerbung notwendigen Stellungnahme zur Person der Antragstellerin und ihrem Forschungsvorhaben übernimmt eine Professorin bzw. ein Professor verantwortlich die Betreuung der Nachwuchswissenschaftlerin oder TFH-Absolventin. Mit der Antragsbewilligung setzt dann die konkrete Betreuungspraxis ein. Hierzu gehören zum Beispiel Hilfestellungen in ganz alltäglichen Dingen wie dem Aufzeigen von Wegen im Dschungel der Hochschulbürokratie, Diskussionen und Unterstützungen zu Fragen der Lehre und der Forschungsarbeit sowie - im besten Fall – Einbindungen in Netzwerke, die Türen zu einer Professur öffnen helfen.

Wie gesagt, auch die Promovendinnen – also die TFH-Absolventinnen – haben an der TFH eine betreuende Professorin oder einen betreuenden Professor. Die TFH-Absolventinnen können, da die Fachhochschulen kein Promotionsrecht haben, zwar nicht an der TFH promovieren und die Erstgutachterin oder der Erstgutachter müssen an einer Universität lehren, doch die Ausarbeitung der Promotion und oft auch die Bearbeitung des Themas bis hin zum Laborplatz ist bei den Hypatia-Stipendiatinnen während der gesamten Laufzeit des Promotionsvorhabens eng an die TFH gebunden.

Betreuungsangebot des Hypatia Projekts

Des weiteren unterbreitet das Hypatia Projekt den geförderten Frauen ein vielfältiges Betreuungsangebot, das kontinuierlich weiter entwickelt wird.

Dazu gehören regelmäßige hochschulöffentliche Veranstaltungen und Diskussionen, auf denen die geförderten Frauen ihre Arbeiten und Ergebnisse präsentieren können.

Darüber hinaus werden im Projektverbund „Chancengleichheit für Frauen an der TFH" Seminare und Workshops zum Erwerb von fachübergreifenden Qualifikationen angeboten. Diese Seminare und Workshops sind für die Hypatia geförderten Frauen geöffnet und es ist ausdrücklich erwünscht, dass sie Angebote wahrnehmen. In den Seminaren und Workshops werden zum Beispiel Fragen

- zur Genderkompetenz in ingenieurwissenschaftlichen und informationstechnischen Fächern
- zu Ansätzen innovativer Lehr- und Lernformen
- zur Verbesserung von Führungs-, Leitungs- und Entscheidungskom-petenz
- zum Projektmanagement und zur Projektkoordination sowie
- zum Patentrecht bearbeitet.

Schließlich werden die Stipendiatinnen und Gastdozentinnen vom Hypatia Projekt zu individuellen Fragen beraten. Dazu gehören u. a. Gespräche zur weiteren Berufs- und Karriereplanung und zu Fragen der allgemeinen Organisation von Forschung.

Das Hypatia Programm ist mit diesem Ansatz ein Programm, das mehr ist als eine finanzielle Förderung von TFH-Absolventinnen und Nachwuchswissenschaftlerinnen ist.

Perspektiven für die wissenschaftliche Weiterqualifizierung

Förderpraxis in Zahlen

Wie sieht nun die bisherige Förderung in Zahlen aus? Von 1994 bis Ende September 2002 wurden im Rahmen des Hypatia Programms insgesamt 45 Förderungen ausgesprochen. Davon

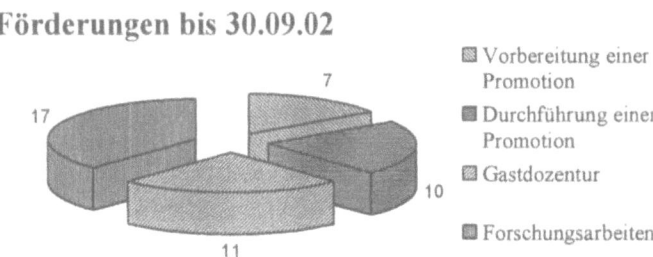

wurden 7 mal Fördermaßnahmen zur Vorbereitung einer Promotion vergeben. Die Durchführung eines Promotionsvorhaben wurde 10 mal gefördert und Mittel für die Förderung von Gastdozenturen wurden 11 mal bewilligt. Die Förderung der 17 Forschungsarbeiten erfolgte ausschließlich in der Zeit von 1994 bis Ende 2000.

Für eine Förderung im Rahmen des Hypatia Programms haben sich bisher vorrangig Frauen aus Fächern bzw. Studiengängen beworben, in denen die Anzahl der Frauen unter den Studierenden relativ hoch ist. Dies sind zum Beispiel die Fächer/ Studiengänge Chemie, Geoinformationswesen, Architektur, Biotechnologie und Landschaftsarchitektur. Aber auch in der Informatik gibt es inzwischen eine Promovendin.

Erfolge

Inwieweit hat das Hypatia Programm nun Frauen auf ihrem Weg in die Wissenschaft erfolgreich gefördert? Bis zum 30.09.02 hatten vier Stipendiatinnen ihre Promotion abgeschlossen, fünf werden voraussichtlich Anfang 2003 ihre Doktorarbeit einreichen und drei haben gerade mit ihrem Promotionsvorhaben begonnen bzw. befinden sich in der Mitte der geplanten Laufzeit.

Von den Frauen, die im Rahmen einer Gastdozentur gefördert wurden, wurde eine 2001 auf eine Professur an der TFH Berlin berufen und drei erreichten obere Plätze auf Berufungslisten.

Das Konzept des Hypatia Programms und dessen Weiterentwicklung hat sich also erfolgreich bewährt. Geleitet wird das Hypatia Programm seit 2001 von Professorin Dr.-Ing. Eva-Maria Dombrowski. Ich bin wissenschaftliche Mitarbeiterin des Hypatia Projekts.

Kontakt und Information

www.tfh-berlin.de/frauen/web-hypatia

dombro@tfh-berlin.de

ruschha@tfh-berlin.de

Manfred Berger, Angela Schwenk

Mathe-Lernen in der Praxis

Es wird über das laufende Projekt Mathe-Lernen in der Praxis – Anwendungsprojekte im Mathematik-Grundstudium des Studiengangs Elektrotechnik – Kommunikationstechnik und Elektronik (KE) berichtet. Dieses Projekt wird vom Projektverbund Chancengleichheit für Frauen der Technischen Fachhochschule Berlin (TFH-Berlin) gefördert. Mit diesem Projekt sollen durch eine Studienstrukturreformmaßnahme Frauen besser in das koedukative E-Technikstudium integriert und die Mathematikausbildung stärker mit der fachspezifischen Ausbildung verzahnt werden. Außerdem wird über eine Studie zu den Mathematikkenntnissen von Studienanfängern und einer Umfrage zur Einstellung zum Schulfach Mathematik berichtet.

1. Projektziele

Das Projekt verfolgt folgende Ziele:

- Studienstrukturreform zur Integration von Frauen und Erhöhung des Frauenanteils
- Erhöhung der Studienmotivation von Studentinnen, Reduzierung der Studienabbrüche
- Studienreform: Entwicklung einer Einheit aus mathematischer Vorlesung und Projektübung für den Studiengang Elektrotechnik - Kommunikationstechnik und Elektronik (KE)
- Stärkung der interdisziplinären Zusammenarbeit
- Verzahnung von Mathematik-Grundlagen- und KE-Fachstudium durch mathematische Anwendungsprojekte im E-Techniklabor
- Erarbeitung guter Anwendungsprojekte, die folgende Fähigkeiten von Studierenden fördern sollen:
  - Transfer von Mathematikwissen zur Lösung von größeren praktischen Projekten
  - Modellbildung
  - Kommunikation und Präsentation
  - Teamarbeit
- Intensivierung der Kommunikation zwischen Dozenten im Grund- und Hauptstudium

2. Ausgangslage – Probleme klassischer Mathematik-Lehrveranstaltungen

Die Probleme in der Mathematik-Ausbildung für ingenieurtechnische Studiengänge beziehen sich auf zwei Bereiche: 1. die Vorkenntnisse der Studienanfänger, auf die die Hochschule zwar keinen Einfluss hat, auf die sie sich aber einstellen muss und 2. die Ausbildung in der Hochschule, auf die mit Maßnahmen gezielt und direkt eingewirkt werden kann.

2.1. Vorkenntnisse der Studienanfänger

Um die Probleme der StudienanfängerInnen besser einschätzen zu können, wurden die StudienanfängerInnen der TFH-Berlin und Schüler der Bertha-von-Suttner-Oberschule Gymnasium (B.-v.-S.-OG) in Berlin einem selbstentworfenen Test im Bereich „Mathematische Grundfertigkeiten unterzogen. Die Aufgaben umfassten nur den Schulstoff, der bis zur 10. Klassenstufe unterrichtet wird. Es wurden Aufgaben zu den Themenbereichen Bruchrechnung, Termumformung, einfache Funktionen gestellt. Ferner wurden das Geschlecht, die Jahrgangsstufe und die Zugangsart zur Bertha-von-Suttner-OG (grundständig oder normal; s.u.) bzw. TFH erfasst. Zum Teil lagen Vergleichszahlen von Untersuchungen aus den Jahren 1995 und 2000 vor.

Zur vergleichenden Darstellung der Ergebnisse wurden Boxplots herangezogen. Der senkrechte mittlere Strich umfasst das erreichte Punktspektrum, der obere bzw. untere Rand der Box ist das 75%- bzw. 25%-Quantil, die durchgezogene Linie in der Box ist der Medianwert. Der arithmetische Mittelwert ist durch das Kreuz in der Box markiert. Unter der Box ist die ausgewertete Gruppe zusammen mit ihrer Gruppengröße angegeben. Nicht alle Teilnehmer machten Angaben zur Vorbildung bzw. zum Geschlecht, daher addieren sich die Gruppengrößen nicht zur Gesamtzahl aller Teilnehmer. In [B-S] wird ausführlich über die einzelnen Aufgaben und deren Ergebnisse berichtet.

- **Generelles Ergebnis**

Der Test zeigte, wie erwartet, fehlende Basiskenntnisse und mangelnde Grundfertigkeiten der StudienanfängerInnen und auch der SchülerInnen. Mit Problemstellungen konnte nicht ausreichend umgegangen werden. Die Hochschule muss also darauf achten, dass auch im Grundstudium der weiteren Festigung des Basiswissens ausreichend Raum gegeben wird.

Vergleich der Vorbildung 1995 und 2000

Die beiden weißen Boxen links in der Abbildung 1 vergleichen die Gesamtergebnisse aller TeilnehmerInnen von 1995 und 2000. Der arithmetische Mittelwert ist jeweils als waagerechte Linie zur Orientierung über die gesamte Grafik gelegt. Die besten 25 Prozent der Teilnehmer haben in 2000 deutlich schlechtere

Ergebnisse als in 1995 erzielt. Dieses Bild ergibt sich auch bei den Boxplots, die nach der Art der Vorbildung differenziert sind. Ganz extrem ist es bei den Teilnehmern, die mit der Fachhochschulreife an die TFH kamen. Die

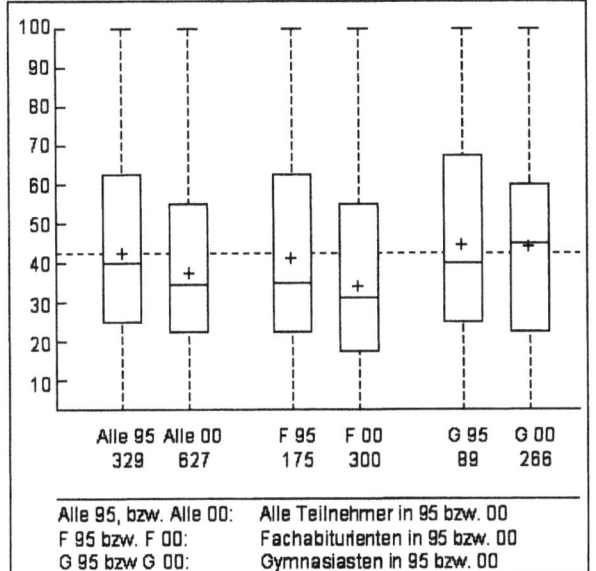

Abb. 1:
TFH-Ergebnisse
von 1995 und 2000 –
Vergleich der Vorbildung

Schlechteren (25%-Quantil) sind in den fünf Jahren um immerhin 5%-Punkte schlechter geworden. Viel auffälliger ist jedoch, dass die Ergebnisse der besseren Fachabiturienten auf einem deutlich niedrigeren Niveau in 2000 weniger streuen. Bei den Gymnasiasten gab es nur wenig Veränderungen.

Insgesamt war 1995 der Unterschied zwischen den Fachabiturienten und den Gymnasiasten wesentlich geringer als zu Beginn des Wintersemesters 2000. Auffällig sind überdies die Veränderungen der Teilnehmerzahlen. Waren es 1995 ungefähr doppelt so viele Fachoberschüler (175) wie Gymnasiasten (89), so ist das Verhältnis in 2000 ungefähr 1:1 (Fachoberschüler 300, Gymnasiasten 266). Insgesamt hat sich die Teilnehmerzahl von 1995 zu 2000 fast verdoppelt (von 329 auf 627).

- **Vergleich von Vorbildung und Geschlecht**

Ca. ein Viertel der TeilnehmerInnen war weiblich, deren Ergebnis ist im mittleren Bereich besser als das der männlichen Teilnehmer (Abb. 2). Das entspricht dem subjektiven Eindruck vieler Dozenten.

Sowohl in der Gruppe der Frauen als auch in der Gruppe der Männer erzielten jeweils die Teilnehmer mit allgemeiner Hochschulreife bessere Ergebnisse als die mit Fachabitur.

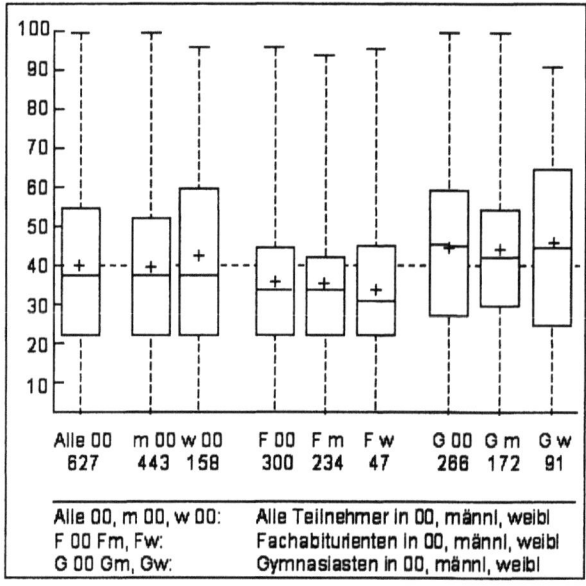

Abb. 2:
TFH-Ergebnisse 2000 –
Vergleich
Vorbildung und
Geschlecht

Damit erklärt sich auch das gute Durchschnittsergebnis der Studentinnen, denn der größte Teil (ca. 66 %) hatte die allgemeine Hochschulreife, während es in der Gruppe der Männer nur ca. 40 % waren.

2.2. Kenntnisse der Schüler

- **Überblick Schulergebnis**

Der Test wurde von allen Schülern/innen der 10. und 11. Jahrgangsstufe durchgeführt und nach den Merkmalen Geschlecht, Jahrgangsstufe und grundständig/normal ausgewertet. Abbildung 3 zeigt die Ergebnisse im Vergleich mit allen TFH-AnfängernInnen des Jahres 2000. Insgesamt schneiden die Schüler schlechter als die TFH-AnfängerInnen ab. Beim Vergleich muss man allerdings beachten, dass alle Schüler der 10. und 11. Klassen mit der besonderen Auswahl technisch-naturwissenschaftlich orientierter TFH-Studierender, die überdies noch weitere zwei Jahre zur Festigung ihrer mathematischen Kenntnisse hatten, verglichen werden. Dies passt auch zu den Ergebnissen der Oberstufenuntersu-

Mathe-Lernen in der Praxis

chung, die hier nicht näher dokumentiert wird, wo die SchülerInnen mit Leistungskurs Mathematik besser als die TFH-AnfängerInnen abschnitten.

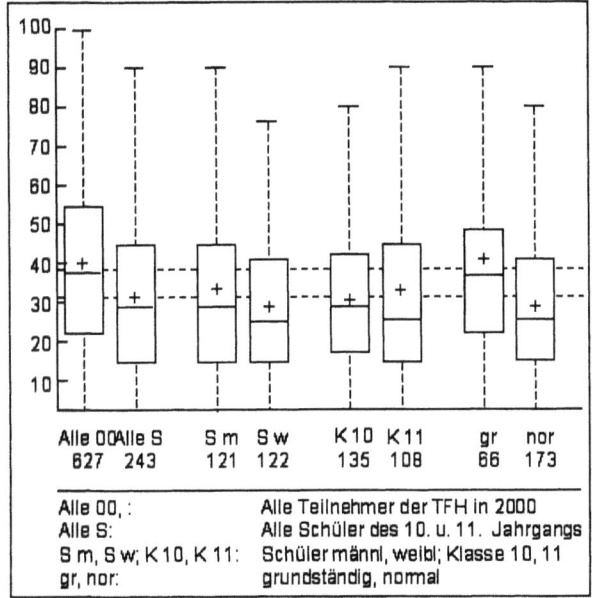

Abb. 3:
Schulergebnis 2000 –
Vergleich
Geschlecht,
Jahrgangsstufe

Im Gegensatz zu den TFH-Anfängerinnen sind die Schülerinnen im Mittel schlechter als ihre männlichen Mitschüler. Der Unterschied von 10. und 11. Klasse ist gering, die Ergebnisse der 11. Klasse streuen etwas stärker. Die SchülerInnen des grundständigen Zuges (Gymnasium ab 5. Klasse) sind im Gesamtresultat des Tests deutlich besser als die Schülerinnen des normalen Zuges (Gymnasium ab 7. Klasse). Vergleicht man aber die Aufgaben des Tests detailliert im Einzelnen, zeigt sich dieser Leistungsunterschied im Wesentlichen jeweils nur in den ersten Teilen einer jeden Aufgabe, so dass man sagen kann, dass die Grundständigen nur „vordergründig" besser sind.

- **Differenzierter Vergleich des Schulergebnisses**

Der differenzierte Vergleich in Abbildung 4 erklärt die Phänomene aus Abbildung 3. Die männlichen, grundständigen Schüler der 11. Klasse beeinflussen offenbar die Ergebnisse der einzelnen Gruppen. Auffällig ist, dass die Jungen der 11. Klassen besser sind als die der 10. Klassen während es bei den Mädchen umgekehrt ist. Da die Größen der grundständigen Gruppen sehr klein sind, lassen sich schwer allgemein gültige Aussagen ableiten. So liegt das besonders herausragende Abschneiden der männlichen, grundständigen Schüler der 11. Klasse möglicherweise an einer nicht repräsentativen Zusammensetzung dieser Gruppe.

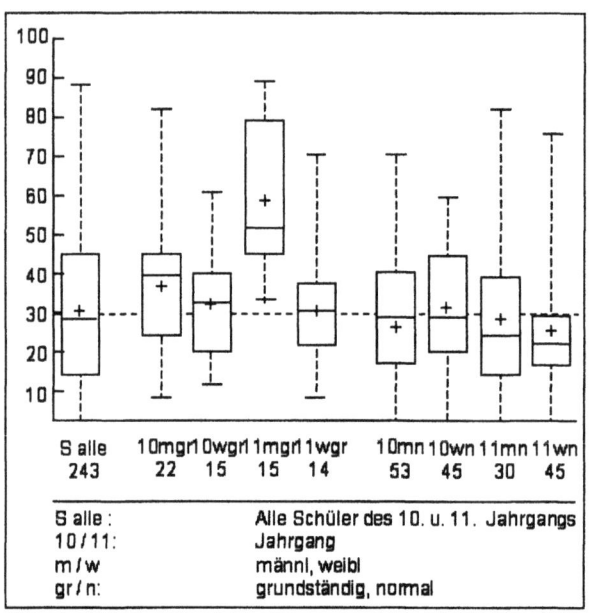

Abb. 4:
Differenzierter Vergleich der Schulergebnisse

- **Umfrage zur Einstellung zum Schulfach Mathematik**

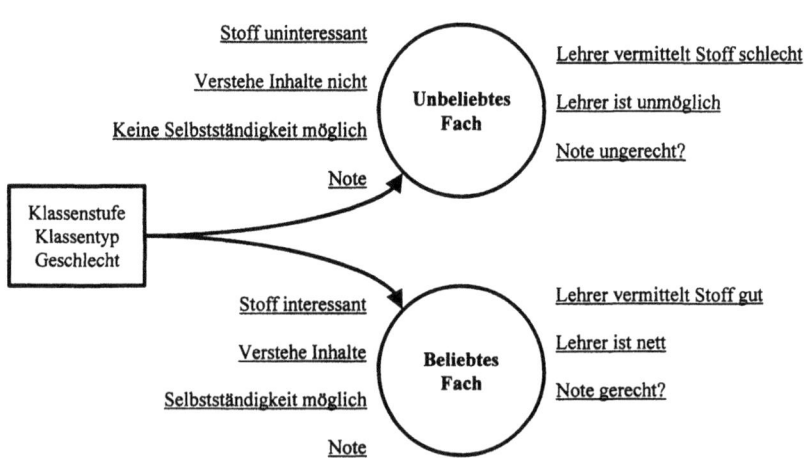

Abb. 5: Struktur des Fragebogens

Mathe-Lernen in der Praxis

Ein Element zur Erklärung der vorstehenden Resultate könnte die Ermittlung der Einstellung von Schülerinnen und Schülern zum Fach Mathematik sein. Aus diesem Grunde wurde im September 2002 an der Bertha-von-Suttner-OG eine Umfrage zur Beliebtheit von Schulfächern durchgeführt, bei der über 1200 Fragebögen ausgewertet wurden.

Die Struktur des Fragebogens und die erhobenen Daten entnimmt man der Abbildung 5.

Zum Vergleich standen noch die Ergebnisse einer gleichartigen Umfrage aus dem Jahr 1989 zur Verfügung, die im Rahmen eines Schülerprojekts durchgeführt wurde. Allerdings waren bei der 89er Umfrage Doppelnennungen möglich. Dennoch zeigen beide Untersuchungen interessanterweise tendenziell gleichartige Einschätzungen der Schülerinnen und Schüler bezogen auf die einzelnen Fächer (siehe Abb. 6).

Angaben in % bezogen auf die Anzahl befragter Mädchen bzw. Jungen

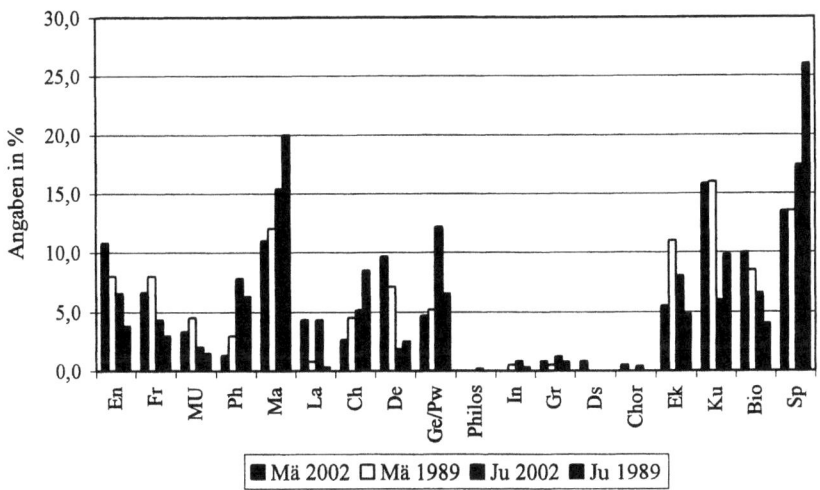

Abb.6: Positive Bewertung der Fächer bei Mädchen / Jungen im Vergleich 1989/2002

Wie erwartet werden die Fächer Kunst und Sport positiv bewertet. Es überrascht das gute Abschneiden der Mathematik bei Jungen und Mädchen, wobei die Jungen das Fach etwas positiver bewerten als die Mädchen.

Die Abbildung 7 zeigt, dass der positiven Einschätzung des Faches Mathematik eine etwas mehr als gleich große Ablehnung des Faches gegenübersteht. Auffällig ist die deutlich stärkere Ablehnung des Faches Mathematik bei den Mädchen im Vergleich zu den Jungen.

Angaben in % bezogen auf die Anzahl befragter Mädchen bzw. Jungen

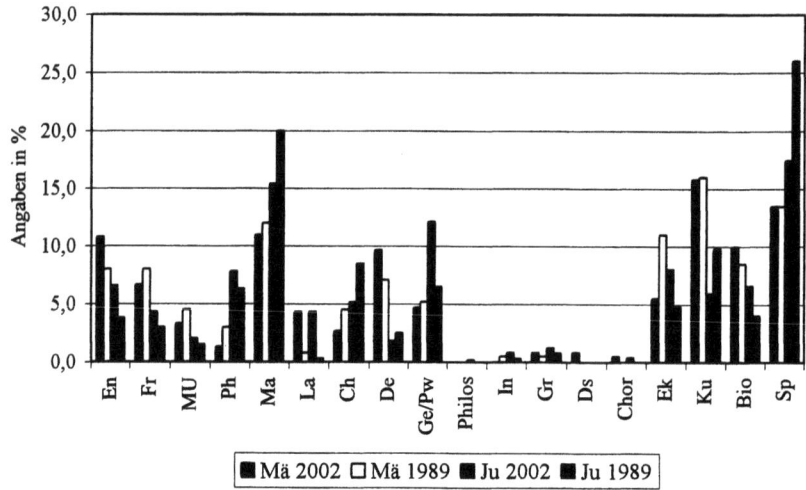

Abb. 7: Negativ bewertete Fächer Jungen und Mädchen 1989/2002 im Vergleich

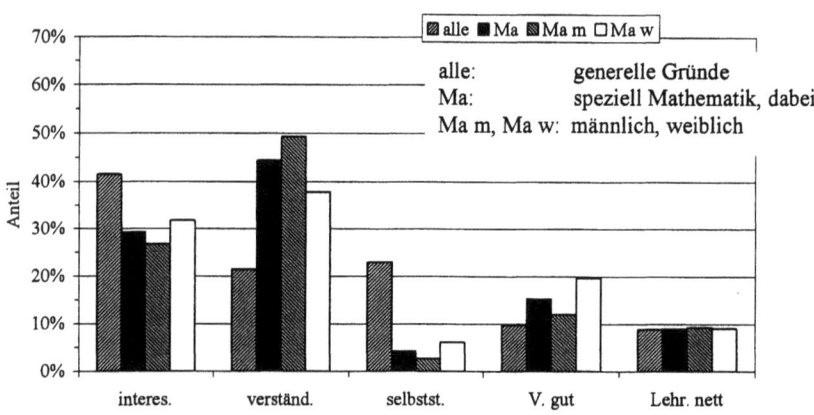

Abb. 8: Gründe für Mathematik als Lieblingsfach

Mathe-Lernen in der Praxis

In Abbildung 8 wird die Verteilung der Gründe (mögliche Gründe siehe Abb. 5) zur Wahl von Mathematik als Lieblingsfach dargestellt. Bei den Begründungen zur Wahl von Mathematik als Lieblingsfach überwiegt erwartungsgemäß die Verständlichkeit des Stoffes. Dieser Grund wird relativ viel häufiger genannt. Auch die Vermittlung des Stoffes ist hier etwas wichtiger als bei allen Fächern zusammen.

Die Gründe „Interesse" und „Selbstständigkeit" sind weniger stark wichtig. Interessanterweise stimmt die hier beobachtete Geringschätzung der Selbständigkeit, des selbstbestimmten Lernens mit den Ergebnissen einer Umfrage zum Thema „Was gehört für sie zu einer guten Schule", die eine Berliner Tageszeitung zusammen mit dem Erziehungswissenschaftler Prof. Lenzen (FU-Berlin) unter ihren Lesern durchführte, überein. Von 1842 Befragten (davon 82% Eltern schulpflichtiger Kinder) erklärten zum selbstbestimmten Lernen: 6,4% – außerordentlich wichtig; 16,5% – sehr wichtig; 33,1% – wichtig; 34,5% – weniger wichtig; 9,5% – nicht wichtig (Morgenpost vom 9.11.02). Beide Ergebnisse stehen im Gegensatz zur derzeitigen fachwissenschaftlichen Diskussion, nach der mehr selbständiges Handeln der Schüler in den Lernprozessen gefordert wird.

Die Unterschiede zwischen den Jungen und Mädchen sind etwas ausgeprägter als bei allen Teilnehmern zusammen. Den Mädchen ist die gute Vermittlung durch den Lehrer wichtiger, während bei den Jungen die Verständlichkeit stärker genannt wurde.

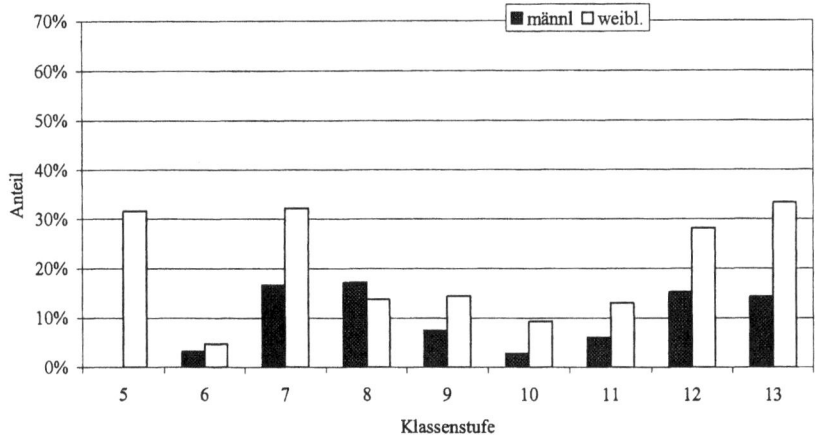

Abb. 9: Unbeliebtheit des Faches Mathematik über die Klassenstufen

Bei der Ablehnung (Abb. 9) von Mathematik überwiegen die Gründe Unverständlichkeit und die Einschätzung, der Lehrer sei unmöglich. Die Unterschiede zwischen den Jungen und Mädchen sind deutlich ausgeprägt. Mathematik ist bei Mädchen unbeliebt, weil sie sie nicht verstehen, sie suchen den Grund eher bei sich selbst, während die Jungen überproportional dem Lehrer die Schuld geben („Lehrer ist unmöglich").

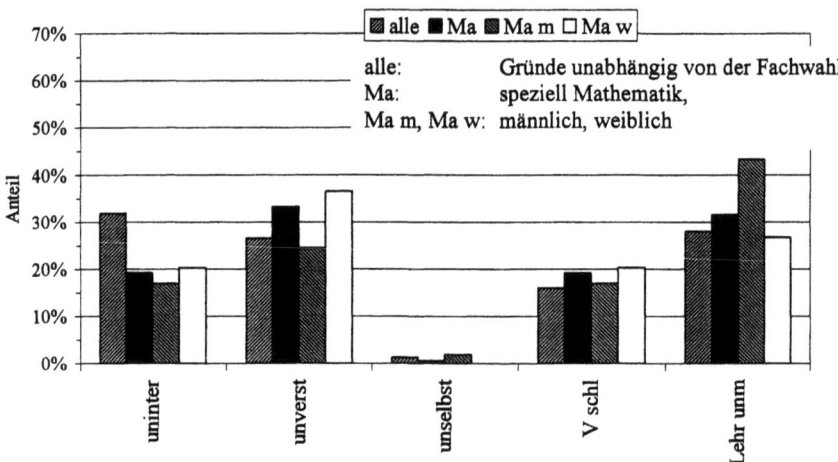

Abb.10 Grund für unbeliebte Mathematik

In Abbildung 10 ist der Anteil der Jungen bzw. Mädchen angegeben, die in den jeweiligen Klassenstufen Mathematik als unbeliebtestes Fach gewählt haben. Auffällig ist die hohe Ablehnungsrate der Mädchen in der 5. und 7. Klassenstufe. Die 5. Klasse ist die erste Klasse am Gymnasium im grundständigen Zug, während es die 7. Klasse für den normalen Zug ist. Kann man daraus ablesen, dass die Mädchen durch den Schulwechsel in Mathematik besonders verunsichert werden? Von Klasse 10 an bis zum Abitur hin nimmt die Ablehnung des Faches Mathematik bei den Mädchen stark zu. Interessant ist, dass dies mit den schlechten Ergebnissen der Mädchen beim Vergleichstest in der 11. Klassenstufe korrespondiert (siehe Abb. 4).

2.3. Ausbildung in der Hochschule

Die Probleme der Mathematikausbildung für Ingenieure hat Alpers in [A1] treffend beschrieben: „Studierende an der Hochschule haben häufig Probleme, die in der Mathematik von Mathematikern gelehrten Konzepte in den ingenieurwissenschaftlichen Anwendungsfächern wiederzuerkennen und zu nutzen. Das betrifft gerade Frauen, die häufig direkt vom Gymnasium kommen. Im Grundstudium wird zudem die Mathematik in den Anwendungsfächern häufig noch umgangen, im Hauptstudium ist sie oftmals wieder vergessen.

Dies führt oft zu einer negativen Einstellung seitens der Studierenden gegenüber der Mathematik, die sie eher als intellektuelle Zwangsübung im Grundstudium betrachten denn als notwendige Basis für eine formalisierte Modellbildung, die Planung und Berechnung erlaubt. Stattdessen trifft man bei nicht wenigen Studierenden auf eine passive „Einsetzmentalität", so dass sie lediglich vorgegebene Werte in eine Formel einsetzen möchten, ohne den Bezug zu Anwendungsentsprechungen zu kennen und zu nutzen.

Die von den Hochschulen konstatierte „Einsetzmentalität" wird an den Schulen schon beim Übergang von der Mittelstufe in die Oberstufe bis hin zum Abitur beobachtet. Selbst Leistungskursschüler hoffen bei immer offener werdenden Fragestellungen oftmals noch darauf, dass der Lehrer endlich die alles lösende Formel bekannt geben möge. Offenbar verfestigt sich die in der Grundschule und der Mittelstufe notwendige Vermittlung von (formelhaften) Rechenfertigkeiten zu einem falschen Bild mathematischen Handelns, das sowohl in der Oberstufe als auch im Grundstudium nur schwer abgebaut werden kann. Das Problem kann daher langfristig nur gelöst werden, wenn die Struktur des Mittelstufen- und Grundschulmathematikunterrichts überdacht wird (offenere Fragestellungen / selbständigeres Handeln der Schüler) und im Oberstufenunterricht sowie im Grundstudium an den Hochschulen noch gezielter gegen diese Einsetzmentalität gearbeitet wird. Ein Versuch hierzu ist die im folgenden Abschnitt beschriebene Maßnahme.

3. Beschreibung der Maßnahme

In dem Projekt *Mathe-Lernen in der Praxis* wird für ein Semester des 3-semestrigen Mathematik-Grundstudiums für den Studiengang Kommunikationstechnik und Elektronik eine neue Lehrform entwickelt. Die aus Vorlesung und Übung bestehende Mathematik-Pflichtlehrveranstaltung wird in eine integrierte Veranstaltung aus Vorlesung und Projektarbeit in Zusammenarbeit mit einem E-Technik-Labor überführt. Die Studierenden sollen kleine Anwendungsprojekte aus ihrem Studienfach in kleinen Teams bearbeiten. Das besondere dabei ist, dass zur Problemlösung nicht nur die in der E-Technik üblichen Hilfsmittel benutzt werden, sondern dass der mathematische Hintergrund auch unter Einsatz von mathematischer Software aufgearbeitet wird. Durch Zusammenarbeit mit einem E-Technik-Partnerlabor ist sichergestellt, dass die Ergebnisse für die Studierenden „greifbar" bzw. nachmessbar werden. Das Projekt orientiert sich an einem Modell für den Studiengang Maschinenbau, das Alpers von der FH Aalen 2001 auf der Konferenz ICTMT5 (5th International Conference on Technology in Mathematics Teaching) in Klagenfurt vorstellte [A2].

4. Aspekte der Frauenintegration

Der Anteil der Studentinnen unter den E-Technik-Studierenden ist an der TFH Berlin sehr gering (unter 10%) und am geringsten in der ganzen Hochschule. Durch die mit dem Projektstudium verbundenen Anwendungsbeispiele erhalten die Mathematik-Lehrveranstaltungen einen erhöhten Praxisbezug. Das ist besonders für Studentinnen wichtig, da sie in der Regel direkt vom Gymnasium an die Hochschule kommen und nicht zur klassischen Klientel der TFH-Berlin mit Berufsausbildung im gewerblichen Bereich gehören. Frauen kommen häufig über ihr Interesse an der Mathematik zur Technik. Die neue Lehrform greift diesen Motivationsweg auf, die Motivation der Studentinnen wird erhalten bzw. erhöht, einem Studienabbruch wird entgegengewirkt. Das Projektstudium eröffnet neue Kommunikationswege und gibt damit auch Raum für die Integration von Frauen.

5. Durchführung, Stand der Realisierung, erste Erfahrungen

Es wird eine neue Hochschullehrerin für das Fachgebiet Mathematik eingestellt, deren Stelle für die Dauer von zwei Jahren durch zwei Förderprogramme (Bund-Länder-Programm zur Förderung der Entwicklung von Fachhochschulen und das Berliner Programm zur Förderung der Chancengleichheit von Frauen in Forschung und Lehre) finanziert ist. In dem Förderzeitraum ist die Kollegin zur Hälfte von ihrer Lehrverpflichtung zur Entwicklung der neuen Lehrform freigestellt. Im Rahmen ihrer Lehraufgaben kann sie die neue Lehrform erproben und evaluieren. Das Berufungsverfahren für diese Stelle läuft gerade.

In einem Vorprojekt wurde im Rahmen eines Werkvertrages ein detaillierter Überblick über die Inhalte der Vorlesungen und Laborveranstaltungen des Studiengangs Elektrotechnik – Kommunikationstechnik und Elektronik (KE) gewonnen.

Es wurde geklärt, für welche E-Technik-Fächer welche Mathematik wie tiefgehend benötigt wird und welche typischen Anwendungsbeispiele es gibt, um Anknüpfungspunkte für die Entwicklung von fächerübergreifender studentischer Projektarbeit zu gewinnen. Automatisch ergab sich dabei auch ein prüfender Blick auf die Mathematik-Stoffpläne für den Studiengang KE. Die Projektziele „Stärkung der interdisziplinären Zusammenarbeit" und „Intensivierung der Kommunikation zwischen Dozenten im Grund- und Hauptstudium" wurden bereits allein mit dieser Vorstudie erreicht.

6. Referenzen

[A1] Alpers, B.: Verknüpfung von Mathematik und ingenieurwissenschaftlichen Anwendungsfächern mit Hypertext und Computeralgebra. Tagungsband Computeralgebra-Symposium Konstanz (CASK 2000).

[A2] Alpers, B.: Mathematical application projects for mechanical engineer – Concept, guidelines and examples. Borovcnik, M., Kautschitsch, H. (eds): Technology in Mathematics Teaching. Proceedings of the ICTMT 5 in Klagenfurt 2001, Schriftenreihe Didaktik der Mathematik V. 25., ISBN 3-209-03847-3, p. 393-396, Vienna 2002

[B-S] Berger, M., Schwenk, A.: Mathematische Grundfertigkeiten der Studienanfänger der Technischen Fachhochschule Berlin und der Schüler der Bertha-von-Suttner-OG Berlin. Global J. of Engng. Educ., Vol. 5, No. 3. (2001) 251-258.

Kurzvita

Manfred Berger wurde 1953 in Berlin geboren. Von April 1973 bis Dezember 1979 studierte er an der Technischen Universität Berlin Mathematik und Physik für das Amt des Studienrats am Gymnasium. Sein Referendariat beendete er Ende 1981 mit der Zweiten Staatsprüfung für das Amt des Studienrats. In der Zeit von 1984 bis 1987 nahm er an der FU-Berlin an der berufsbegleitenden Ausbildung zum Informatiklehrer teil und erhielt im Juli 1987 auch die Lehrbefähigung für das Fach Informatik. Er hat schwerpunktmäßig die Fächer Mathematik (Klassen 5 bis 13) und Informatik (Klassen 11 bis 13) unterrichtet, in beiden Fächern war er auch regelmäßig an den Abiturprüfungen (Lk / Gk) beteiligt.

Anschrift: Bertha-von-Suttner-OG , Reginhardstr. 172, 13409 Berlin, Tel.: 491 60 57, E-Mail.:MMMBerger@t-online.de

Prof. Dr. Angela Schwenk wurde 1953 in Berlin geboren. Von 1973 bis 1980 studierte sie an der Technischen Universität Berlin Mathematik und Physik für das Amt des Studienrats an Gymnasien. Das Thema ihrer Dissertation war: Eigenwertprobleme des Laplace-Operators und Anwendungen auf Untermannigfaltigkeiten. Von 1980 bis 1985 war sie wissenschaftliche Mitarbeiterin am Fachbereich Mathematik der TU Berlin. Von 1985 bis 1990 arbeitete sie als Softwareentwicklungsingenieurin bei der Siemens AG in Berlin im Bereich Private Netze (Telekommunikationssysteme), seit 1987 als Gruppenleiterin. Seit 1990 ist sie Professorin für Mathematik am Fachbereich II Mathematik-Physik-Chemie der Technischen Fachhochschule Berlin. Ihr Schwerpunkt in der Lehre ist die Weiterentwicklung multimedialer didaktischer Konzepte für die Ingenieurmathematik, ihr Forschungsgebiet liegt in der Differentialgeometrie.

Anschrift: Technische Fachhochschule Berlin, Fachbereich II Mathematik-Physik-Chemie, Luxemburger Str. 10, 13353 Berlin, Tel: (030) 4504-2351, Fax: (030) 4504-2011, E-Mail: schwenk@tfh-berlin.de, URL: http://www.tfh-berlin.de/~schwenk

Irina L. Marinescu, Beate Orlowski, Heike Wagner[1]

Admina – ein etwas anderes Tutorium

Universität Hamburg, Fachbereich Informatik

Zusammenfassung

Dieser Beitrag stellt eine Lehrveranstaltung für Frauen am Fachbereich Informatik der Universität Hamburg vor. Es werden die Entstehung, die Entwicklung und die Erfahrungen dieser Veranstaltung beschrieben. Die Besonderheiten dieses Tutoriums bestehen darin, dass es durch die Studentinnen selbst organisiert wird und dass es bereits seit sieben Jahren existiert.

1. Einleitung

Am Fachbereich Informatik der Universität Hamburg steht Admina[2] für eine 1995 initiierte Lehrveranstaltung für Studentinnen. Damals bot die Frauenbeauftragte[3] des Fachbereichs Informatik eine einmalige Blockveranstaltung mit dem Titel „Systemadministration für Frauen" an. Grund dafür war ihre Beobachtung, dass Frauen eine andere Herangehensweise an neue, vor allem technische Inhalte haben als Männer. Sie wollte mit diesem Projekt einen Rahmen schaffen, in dem sowohl vermehrt praktisches Wissen erlangt, aber auch Hintergründe der weiblichen Herangehensweise reflektiert werden können. Das Seminar kam bei den Teilnehmerinnen so gut an, dass es seitdem jedes Semester als Tutorium unter dem Namen „Admina" fortgeführt wird. Für viele Hamburger Informatikstudentinnen bedeutet Admina inzwischen mehr als nur eine reine Lehrveranstaltung unter Frauen. Vielmehr ist es zu einer Institution geworden, mit der sich die Teilnehmerinnen identifizieren. Admina bedeutet für sie, mit Freude und Motivation viel zu lernen[4].

2. Das Admina-Tutorium

Admina wird im Gegensatz zu normalen Veranstaltungen komplett in eigener Organisation aller teilnehmenden Studentinnen durchgeführt. Es gibt ein dreiköpfiges Organisationsteam, das sich um die Rahmenbedingungen kümmert

---

1 [2marines|6orlowsk|6wagner]@informatik.uni-hamburg.de
2 Der Begriff „Admin" wird im Allgemeinen als Abkürzung für Systemadministrator verwendet, die weibliche Form davon ist „Admina".
3 Dr. Ingrid Wetzel, Fachbereich Informatik, Universität Hamburg
4 Umfrage „Was bedeutet Admina für Dich?"

(z.B. Räume und Material). Unterstützt wird das Tutorium von der Frauenbeauftragten[5], die die Verantwortung für organisatorische Belange dem Fachbereich gegenüber übernimmt, und von Mitarbeitern des Rechenzentrums, die in technischen Fragen helfen.

2.1. Planung und Durchführung

Jedem Tutorium geht eine Vorbesprechung voraus. Hier werden die wichtigsten Belange für das Tutorium beschlossen. Es werden sowohl inhaltliche als auch formelle Punkte besprochen, z. B. die einzelnen Themen und die Referentinnen. Die Festlegung des Termins für die Tutoriumswoche stellt sich immer wieder als schwierig heraus. Da interessierten Frauen die Teilnahme an möglichst vielen Tagen ermöglicht werden soll, werden Termine von Klausuren oder anderen wichtigen Veranstaltungen der Universität weitestgehend berücksichtigt. Leider lassen sich nicht immer alle Wünsche erfüllen, so dass die verschiedenen Tutoriumstage unterschiedlich stark besucht sind.

Die behandelten Themen sind aktuell und praxisnah. Ein Thema kann dadurch aktuell sein, dass es in der Fachpresse diskutiert wird[6]. Es kann aber auch dadurch aktuell sein, dass die persönlichen Umstände einzelner Teilnehmerinnen Wissen in einem bestimmten Bereich erfordern, z. B. weil entsprechende Kenntnisse am Arbeitsplatz erwartet werden. Beispielsweise findet bei Admina von Zeit zu Zeit eine HTML-Einführung statt. Zwar wird heute im allgemeinen angenommen, dass Informatik Studierende HTML-Kenntnisse besitzen, dennoch besteht nach wie vor der Bedarf dieses Wissen zu vermitteln.

Obwohl am Fachbereich Informatik der Universität Hamburg in der Lehre fast nur Unix als Betriebssystem eingesetzt wird, wurden bei Admina auch Windows-Anwendungen gelernt. So gab es in der Vergangenheit Veranstaltungen zu Excel und Windows NT. Weitere Themen waren unter anderem „Java", „Datenbankanbindungen im WWW" und „UML". Auch weniger bis gar nicht technische Inhalte wie Englisch und Bewerbungstraining wurden in vergangenen Semestern veranstaltet. Besonderer Wert wird darauf gelegt, die Themen praxisorientiert zu behandeln. Gerade das Erlernen praktischer Fertigkeiten macht Admina zu einem besonderen Tutorium, denn im normalen Lehrbetrieb wird entweder gar nicht oder nur aus theoretischem Blickwinkel auf viele Fragestellungen eingegangen.

Ein typischer Tag des Admina-Tutoriums beginnt um 9 Uhr mit einem Frühstück, um die sozialen Kontakte zu unterstützen. Um 10 Uhr beginnt das Tutorium im Seminarraum. Die jeweilige Frau oder Gruppe von Frauen, die ein

---

5   Prof. Dr.-Ing. Bärbel Mertsching
6   z. B. XML im Sommer 2000

Thema vorbereitet hat, führt durch den Tutoriumstag. Nach einer kurzen[7] Einleitung in das Thema wird das Gelernte in einem praktischen Teil am Rechner mit ersten Übungen ausprobiert. Gegebenenfalls wird an geeigneter Stelle Theorie ergänzt, um das Fortführen der Übungen zu ermöglichen. Die Übungen werden häufig in einem individuellen Lerntempo bearbeitet, da Frauen mit ganz unterschiedlichen Kenntnissen das Tutorium besuchen. Da das Hauptanliegen ein gemeinsames Erlernen des Themas ist, gleicht ein Tutoriumstag eher einem Workshop. Lernende erhalten Unterstützung durch schon erfahrenere Teilnehmerinnen, wobei die Rollen – Vortragende, erfahrene Teilnehmerin oder Anfängerin – je nach Thema immer wieder wechseln. Der Fokus bei allen Themen liegt – auf dem praktischen Ausprobieren. Für viele Übungen gibt es am Ende Musterlösungen, so dass auch ohne Hilfe weiter an den Aufgaben gearbeitet werden kann. Der Tag endet um 16:30 Uhr mit einer Feedback-Runde. Die gesamte Woche wird ebenfalls mit einer Abschlussbesprechung beendet.

2.2. Kommunikation und Networking

Die Kommunikation außerhalb des Tutoriums findet hauptsächlich über eine E-Mail-Liste[8] statt. Darüber werden alle Termine und wichtigen Informationen verteilt. Dieser Weg bietet auch Ehemaligen die Möglichkeit, den Kontakt zu behalten. Mehrfach schon haben sich ehemalige Adminas aktiv am Tutorium beteiligt und Themen angeboten. So hat z. B. eine Admina ihre Berufserfahrung aus einem Trustcenter eingebracht und einen Tag zum Thema „Sicherheit im Internet" gestaltet.

Im Rahmen des Tutoriums wurde ein Diskussionsforum[9] erstellt. Zum einen wurden so die dafür benötigten Techniken[10] erlernt, zum anderen können auf diese Weise Themen, die nicht direkt das Tutorium betreffen, aber doch Diskussionsbedarf auslösen, erörtert werden. Hier wurden z. B. Fragen zu Bewerbungen diskutiert, ein Thema zu dem vor allem Ehemalige von ihren Erfahrungen berichten konnten. Es zeigte sich jedoch, dass die Nutzung des Forums schnell zurück ging.

Eine Homepage für Admina wurde bereits im ersten Seminar erstellt [1]. Sie dient seitdem zur Darstellung des Tutoriums nach außen, als interne Informations- und Kommunikationsplattform, aber auch als praktisches Beispiel, an dem Internet-Inhalte gelernt werden können. Hier finden sich ausführliche Informationen über das Tutorium sowie Kontaktangaben zum Organisationsteam und die Adresse des Mailverteilers. Jede interessierte Frau kann sich so unverbindlich

---

7 1/2 – max. 1 h
8 enthält etwa 90 Adressen
9 Community System „Admina Commsy"
10 HTML, PHP und MySQL

über das Tutorium informieren oder Fragen an das Organisationsteam bzw. die ganze Gruppe stellen. Gelegentlich werden auch Angebote für studentische Stellen oder Praktika über die E-Mail-Liste geschickt.

Zu den angebotenen Informationen auf der Homepage gehören Angaben zu vergangenen Tutorien und der jeweils kommenden Veranstaltung. Die Wochenpläne der einzelnen Tutorien sind nach Semestern geordnet. Zusätzlich existiert eine nach Themen geordnete Übersicht.

Aktuelle Termine findet man ebenfalls auf der Homepage. Es handelt sich dabei um Termine für die Vorbesprechung, für das Tutorium selbst und für andere Treffen. Auf jeder Admina-Veranstaltung entstehen Materialien, die im Netz verfügbar gehalten werden. Dies sind die Vortrags-Folien, Aufgaben und Musterlösungen aus den Praxisteilen. Viele Unterlagen enthalten auch Links zu weiterführenden Informationen. Alle Materialien können auch über den Semesterplan gefunden werden. Diese Unterlagen werden auch von Außenstehenden benutzt, die gelegentlich per E-Mail Fragen an die Vortragenden stellen.

Eine weitere Funktion der Homepage besteht darin, die für deren Betrieb nötigen Techniken zu erlernen. Im ersten Tutorium wurde ein Server installiert. Anhand dieses Servers wurden verschiedene Themen behandelt, z. B. die Installation und Konfiguration eines Apache-Servers, das CGI-Programmieren mit verschiedenen Sprachen und das Erstellen von Webseiten in HTML.

Admina nutzt das Angebot des Rechenzentrums, die Inhalte des Admina-Servers auf den offiziellen Seiten des Fachbereichs abzulegen, um sie allgemein zugänglich zu machen.

Gepflegt wird der Server von der Server-Gruppe, einer kleinen Teilgruppe innerhalb Adminas. Sie sorgt dafür, dass vor dem Tutorium die Termine und nach dem Tutorium die Materialien veröffentlicht werden. Auch An- und Abmeldungen von der E-Mail-Liste, meist vom Organisationsteam weitergeleitet, werden vorgenommen.

Durch die unterschiedlichen Kontakte haben sich im Laufe der Zeit außerhalb des Tutoriums verschiedene Gruppen gebildet. So entstand eine Diplomandengruppe, die sich einmal im Monat trifft, um Erfahrungen auszutauschen und Probleme zu diskutieren. Hierbei werden z. B. Teile von Diplomarbeiten besprochen. Außerdem haben sich über Admina verschiedene Lerngruppen gebildet und Freundschaften entwickelt.

2.3. Organisation

Admina läuft nicht von selbst. Es werden viele Mühen in die Organisation und Bekanntgabe des Tutoriums gesteckt. Von Anfang an gab es kontinuierlich jeweils zwei bis drei Frauen, die sich um die organisatorischen Belange gekümmert haben. Sehr schnell wurde deutlich, dass dieser nicht unerhebliche Aufwand zum einen belohnt und zum zweiten bekannt gemacht werden muss. So wurde eine Tutorenstelle dafür beantragt, die sich nun die Organisatorinnen teilen.

Zu den Aufgaben des Organisationsteams zählt, das Tutorium als Lehrveranstaltung anzumelden, so dass es in das Vorlesungsverzeichnis aufgenommen wird. Zudem wird Admina in das Frauen-Vorlesungsverzeichnis der Universität Hamburg eingetragen. Jeweils zum Ende der Vorlesungszeit wird der Vorbesprechungstermin festgelegt. Dieser wird über die E-Mail- Liste, die Homepage, das Diskussionsforum und über mehrere Aushänge in verschiedenen Fachbereichen der Universität bekannt gegeben. Das Organisationsteam übernimmt während der Vorbesprechung die Moderation. Seit es eine neue Studienordnung gibt, kommt eine weitere Aufgabe hinzu: Die Organisatorinnen erkundigen sich vor der Vorbesprechung nach den anstehenden Terminen für die Klausuren im Grundstudium. So kann der Termin für das Tutorium gemeinsam mit allen Anwesenden festgelegt werden.

Das Organisationsteam sammelt jedes Semester die Themenvorschläge, die nicht umgesetzt wurden und stellt sie in der nächsten Vorbesprechung wieder zur Diskussion.

Meist wird ein Thema von mindestens zwei Adminas vorbereitet. Sollte sich auf der Vorbesprechung nur eine Admina finden, kümmert sich das Organisationsteam darum, weitere Freiwillige für die Vorbereitung eines Themas zu motivieren.

Das Ergebnis der Vorbesprechung, d.h. der Termin und die Themen mit den Vortragenden, wird vom Organisationsteam festgehalten und über die E-Mail-Liste an alle Adminas geschickt.

Wenn der Termin für das Tutorium feststeht, werden Räume reserviert: ein Seminarraum, in dem die Theorieteile stattfinden und ein bis zwei Rechnerräume für die Praxisteile. Je nach Thema werden Rechnerräume mit Workstations[11] oder PCs[12] reserviert. Hinzu kommt seit einigen Semestern die Reservierung von Beamer und ggf. Notebook für die Vorträge. Für Wochenendveranstaltungen müssen zusätzlich Genehmigungen für die Benutzung der Räume eingeholt werden.

Für das Admina-Tutorium werden Projekt-Accounts benötigt. Diese Accounts ermöglichen einen Zugriff auf erweiterte Ressourcen des Rechenzentrums, wie zusätzlichen Speicherplatz. Teilnehmerinnen, die noch nicht über einen Projekt-Account verfügen, erhalten diesen zu Beginn des Tutoriums über das Organisa-

---

11 Betriebssystem Unix
12 Betriebssystem Windows NT

tionsteam. Ein Mal im Jahr werden diese Accounts für diejenigen Frauen verlängert, die weiterhin bei Admina teilnehmen.

Das Organisationsteam ist auch nach außen Ansprechpartner für Admina. Gelegentliche Anfragen betreffen hauptsächlich organisatorische Belange, z. B. wird gefragt, ob man auch als Nicht-Informatikerin teilnehmen kann. Neben der Organisation des Tutoriums selbst kümmert sich das Organisationsteam um die Bekanntmachung der Gruppe. Beispielsweise findet in der Orientierungswoche ein Frauen-Café für die Erstsemesterinnen statt. Hier wird das Tutorium in einer gemütlichen Runde bei Kaffee, Tee und Kuchen vorgestellt, und es werden erste Kontakte geknüpft. Gelegentlich werden Frauen auch direkt angesprochen, z. B. in der Mensa oder in Seminaren.

Um den Zusammenhalt der Gruppe auch außerhalb des Tutoriums zu fördern, werden weitere Treffen arrangiert. Diese finden teilweise abends statt, damit auch Ehemalige daran teilnehmen können.

3. Frauenförderpreis und externe Aktivitäten

Das Engagement von Admina blieb nicht unbemerkt, und Admina wurde für den Frauenförderpreis der Universität Hamburg vorgeschlagen. Dieser Preis ermöglichte der Gruppe, Weiterbildungsangebote wahrzunehmen und motivierte dazu, den Admina-Gedanken nach außen zu tragen.

3.1. Admina wurde belohnt

1997 bekamen die Studentinnen des Fachbereichs Informatik ein Drittel des ersten Frauenförderpreises der Universität Hamburg [2]. Der Großteil des Preisgeldes wurde für externe Referentinnen verwendet. Eine wissenschaftliche Mitarbeiterin der Technischen Universität Berlin hat z.B. einen zweitägigen Workshop zum Thema „Projektmanagement" veranstaltet. Dieses Seminar fand am Wochenende auf dem Gelände des Fachbereichs Informatik statt. Für einen weiteren Workshop wurde für ein Wochenende ein Haus an der Ostsee gemietet. Dort hielt eine Trainerin ein Seminar zu „Kommunikationstechniken" ab. Im Sommer 2000 wurde ein Seminar zum Thema „Gesundheit und Computer" veranstaltet. Um eine angenehmere Atmosphäre zu erhalten, wurde ein Raum außerhalb der Universität gemietet. Die Referentin zeigte Wege auf, die Augen zu schonen und während der Arbeit immer wieder zu entspannen. Besonders Teilnehmerinnen, die bereits eine Brille benötigen, waren sehr begeistert von diesem Seminar. Der Rest des Geldes wurde verwendet, um Studentinnen Fahrtkostenzuschüsse für den Besuch von Konferenzen zu gewähren.

3.2. Außerhalb der Universität Hamburg

Außerhalb der Universität Hamburg erlangte Admina Bekanntheit u. a. durch die Präsentation auf der CeBIT '98. Die Gelegenheit dazu bekam die Gruppe durch die Gesellschaft für Informatik. Speziell die dort aktiven Frauen waren durch den Frauenförderpreis der Universität Hamburg auf Admina aufmerksam geworden. Auf dem Stand „Frauen geben Technik neue Impulse" haben Adminas ihr Tutorium vorgestellt. Dazu wurden Plakate erstellt, die eigenen Webseiten überarbeitet und Handzettel vorbereitet. Es wurden Gespräche mit Mädchen und Frauen geführt, um deutlich zu machen, dass Frauen Informatik studieren und dass es sogar Spaß macht. Im Laufe dieses Tages ergaben sich einige interessante Begegnungen. So wurde ein Manager von IBM auf die Adminas aufmerksam und bot ihnen Praktikums- und Jobmöglichkeiten an.

Die Presse hatte ebenfalls Interesse an dem Projekt, und es wurden mehrere Interviews geführt. Auch einige Besucher in ihrer Rolle als Vater oder Ehemann besuchten den Stand, um Broschüren mitzunehmen oder Fragen zu stellen[13]. Selbst Lehrer diskutierten mit den Frauen neue Lehrideen für die Gestaltung des Informatik-Unterrichts an Schulen. Das Interesse bei den Gesprächspartnern bestätigte die Adminas, mit ihrem Projekt weiter zu machen. Insgesamt war die Darstellung von Admina auf der CeBIT eine interessante und sehr motivierende Erfahrung. Leider konnten aufgrund der Besucherstruktur dieser Messe wenig Frauen erreicht werden.

In den Jahren 1998 bis 2001 war Admina auch auf der „Informatica Feminale" an der Universität Bremen vertreten [3]. Bei dieser Frauenveranstaltung werden Kurse in Informatik und Genderthemen von Frauen aus Universitäten und Unternehmen gehalten. Im ersten Jahr waren die Adminas die einzigen lehrenden Studentinnen. In den folgenden Jahren wurden immer mehr Kurse auch von anderen Studentinnen angeboten. In diesem Rahmen wurden von Adminas Veranstaltungen zu den Themen „Dynamische Web-Seiten und Datenbanken", „Java-Programmierung", „Apache-Server Installation und Anwendung mit Perl und PHP" und Modellierung mit UML" angeboten. Auch hier kam neben den aktuellen Themen und der Art der Lehrens vor allem die Lernatmosphäre immer wieder gut an, so dass es mittlerweile Frauen gibt, die sich unabhängig vom Thema zu Admina-Kursen anmelden. Für die vortragenden Adminas ergibt sich hier die Möglichkeit, weitere Schulungserfahrungen zu sammeln.

Das Projekt „Admina goes School" wurde im Jahre 2000 von der Frauenbeauftragten in enger Zusammenarbeit mit einigen Adminas durchgeführt. Dabei wurde in Hamburger Schulen für das Informatik-Studium geworben. Ziel war es, Schülerinnen näher zu bringen, wie interessant und vielseitig die Informatik

---

13   z.B. „Wie bring' ich meiner Frau Computer bei?"

ist, um sie für dieses Studium zu begeistern. Im gleichen Jahr fand im Rahmen der Expo die Internationale Frauen-Universität zum Thema „Information as a Social Resource " in Hamburg statt [4]. Einige Adminas haben Kurse zum Thema „Interactive Web Pages" gehalten, während andere Kurse[14] als Tutorinnen begleitet haben. Da die Kurssprache Englisch war, konnten die Adminas nebenbei ihre Sprachkenntnisse erweitern.

4. Erfahrungen und Einschätzungen

Die Admina-Gruppe besteht mittlerweile seit sieben Jahren und konnte in dieser Zeit viele Erfahrungen sammeln. Um die Meinung aller Adminas zu erfahren, wurde eine E-Mail-Umfrage durchgeführt. Es wurde nach der Motivation für den Besuch und nach den Stärken und Schwächen des Admina-Tutoriums gefragt. Weiterhin hatten die Befragten die Möglichkeit, einmal das zu sagen, was sie schon immer zum Thema Admina sagen wollten. Durch die E-Mail-Liste wurden 92 Frauen erreicht, von denen 17% geantwortet haben.

4.1. Adminas sprechen über Admina

Auf die Frage nach der Motivation für den Besuch des Tutoriums haben alle fünfzehn Frauen das große Interesse an den aktuellen und praxisnahen Themen genannt, die nach ihrer Meinung im Studium viel zu kurz kommen. Diese Aussage wird durch die Teilnehmerinnenzahlen an einzelnen Tutoriumstagen bestätigt. Beispielsweise war „XML" im Sommer 2000 ein viel diskutiertes Thema. An diesem Veranstaltungstag haben deutlich mehr Frauen teilgenommen als an dem Thema „Perl", das schon mehrfach bei Admina bearbeitet wurde. Die Tatsache, dass es sich um eine reine Frauenveranstaltung handelt, wurde von sieben Frauen als Grund für den Besuch des Tutoriums angegeben. Zehn Frauen besuchen das Tutorium regelmäßig, weil es mit einem enorm hohen Lerngrad und einer besonderen Atmosphäre verbunden ist. Diese Atmosphäre sei entspannt und ermögliche einen intensiven und spielerischen Umgang mit Technik. Speziell der Faktor Spaß in Kombination mit Lernen wurde von sieben Frauen hervorgehoben.

Die Stärken von Admina liegen nach Meinung von sieben Befragten in der Möglichkeit, rein unter Frauen arbeiten zu können. Fünf von diesen sieben Frauen gaben zusätzlich an, dass sie in dieser Umgebung eher ihre Hemmungen abbauen könnten als in einer gemischt geschlechtlichen Veranstaltung. Fünf der Befragten sahen die Stärke von Admina in der Möglichkeit, andere Frauen kennen zu lernen und ein Netzwerk für das Studium, den Beruf und private Interessen zu bilden.

---

14   „Overcoming Barriers to Mastering Technology"

Auch die Schwächen von Admina wurden in der Umfrage thematisiert. Sechs Frauen beklagten, dass die Teilnehmerinnenzahl zu schwankend und oftmals zu niedrig sei. Ein Blick auf die Entwicklung der Teilnehmerinnenzahlen bestätigt den kontinuierlichen Rückgang der Beteiligung. Waren in den ersten Jahren durchschnittlich 25 Teilnehmerinnen zu verzeichnen, beläuft sich die Zahl im WS 2001/2002 nur noch auf durchschnittlich zehn. Während des Tutoriums sind Schwankungen der Teilnehmerinnenzahlen an den einzelnen Tagen zwischen drei und zwanzig zu beobachten. Weitere Schwächen, (jeweils von einer oder zwei Frauen benannt), liegen in der auftretenden Themenwiederholung, im mangelnden Interesse an den Vorbereitungen und in der Abhängigkeit des Tutoriums von einzelnen sehr aktiven Frauen.

Die Aufforderung weitere Gedanken zu Admina zu äußern, fand großen Anklang. Im Folgenden werden einige prägnante Antworten wiedergegeben:

- Durch Admina habe ich meine Interessen entdeckt. Dadurch hat sich mir ein Bereich aufgetan, in dem ich auch während des Studiums schon sehr gut arbeiten konnte und in dem ich auch nach meinem Studium gerne weiterhin tätig sein möchte.
- Sehr gut finde ich, dass Admina über das reine Veranstalten von Tutorien hinausgewachsen ist. Auch wenn Konferenzen und Kongresse viel Arbeit machen, bringen sie auch eine Menge an Erfahrung und Kontakten.
- Admina ist inzwischen eine Institution und wir haben viel geleistet!
- Ich bin froh, dass Admina ein Bestandteil meines Studiums war!
- Ich bin stolz, eine Admina zu sein!
- Schade um jeden Tag, den ich nicht dabei sein kann, weil ich arbeite.

4.2. Erfahrungen

Die durchgeführte Umfrage und ein Rückblick auf die vergangenen sieben Jahre lässt für das Admina-Tutorium folgende Aussagen zu:

- *Praxisorientierung*: Die Praxisorientierung ist eines der tragenden Elemente von Admina.
- *Selbstorganisierung*: Die Organisation von Admina ist durch die Studentinnen selbst motiviert zum Lernen und fördert das Engagement zur aktiven Teilnahme.
- *Frauenveranstaltung*: Dieses Merkmal steht für die Adminas zwar nicht im Vordergrund, wird jedoch als sehr wichtig angesehen.

Praxisorientierung

In vielen Lehrveranstaltungen wird bei der Einführung in ein Thema sehr viel Theorie ohne praktisches Wissen vermittelt. Viele Adminas haben so die Erfahrung gemacht, dass sich das Gehörte nicht festigt und sie sich verwirrt fühlen. Im Admina-Tutorium hat sich sehr schnell eine andere Methode des Lehrens und Lernens herausgebildet. Diese zeichnet sich dadurch aus, dass der Schwerpunkt auf das Erlernen praktischer Fähigkeiten gelegt wird. Konkret wird dies dadurch erreicht, dass die Theorie in überschaubare Abschnitte gegliedert wird. Nach jedem Abschnitt werden Aufgaben bearbeitet, die dazu dienen, praktische Erfahrungen im Umgang mit den vermittelten Inhalten zu gewinnen und so das Gelernte zu festigen. Dabei wird nur so viel Theorie vermittelt, wie nötig ist, um schnell einen Praxiseinstieg zu ermöglichen. Auf diese Weise stellen sich sehr schnell Erfolgserlebnisse ein. Den Frauen wird so ermöglicht, ihre Stärken zu erkennen und sich weiter zu entwickeln.

Selbstorganisierung

Im Gegensatz zu üblichen Lehrveranstaltungen ist Admina komplett durch die Studentinnen selbst organisiert. Für die Adminas entstehen dadurch viele Vorteile. In keiner anderen Lehrveranstaltung ist der Einfluss der Teilnehmerinnen auf die Gestaltung der Veranstaltung so groß wie beim Admina-Tutorium. Neben den Inhalten wird auch die Umsetzung in konkrete Lerneinheiten festgelegt. Ein Großteil der Motivation, das Tutorium zu besuchen, entsteht dadurch, dass die Teilnehmerinnen selbst bestimmen, was sie lernen. Der Lernerfolg ist entsprechend höher, wenn ein Thema selbst vorbereitet wird. Gleichzeitig wird die Motivation erhöht, weil man Einfluss sowohl auf die Inhalte als auch auf die Umsetzung eines Themas hat.

Im Zuge der Vorbereitung eines Themas arbeiten sich die Vortragenden in die Thematik ein und beantworten Fragen wie „Wie stelle ich den Stoff klar und übersichtlich dar?" und „Welche Aufgaben sind am besten dazu geeignet, das Lernen der Inhalte zu unterstützen?" Hierbei arbeiten häufig erfahrene und neue Adminas zusammen.

Während des Tutoriums gewinnen die Referentinnen zusätzlich Erfahrung im Vortragen. Der Lernerfolg der Teilnehmerinnen wird noch begünstigt durch die Betreuung durch mehrere Vortragende. Obwohl die Teilnehmerinnen gemeinsam die Aufgaben bearbeiten, kann jede Teilnehmerin ihrem individuellen Lerntempo folgen. Erfahrenere helfen den Neuen.

Viele Adminas sind durch die positiven Erfahrungen, die sie als Teilnehmerinnen gewonnen haben, zur Mitgestaltung aktiviert worden. Die Selbstorganisation schafft den Rahmen, der einen Lernerfolg ermöglicht. Dadurch wird das Selbstvertrauen der Teilnehmerinnen gestärkt. In der Folge nehmen die Frauen auch außerhalb des Tutoriums aktiv an Fachgesprächen teil und stellen dort kompetente Fragen. Es fällt ihnen leichter, die häufig falsche Verwendung von Fachbegriffen zu erkennen.

Die meisten Studentinnen identifizieren sich mit Admina, wenn sie am Tutorium teilnehmen. Tragen sie außerdem ein Thema vor oder beteiligen sich aktiv an verschiedenen Vorhaben, festigt sich die Identifikation umso mehr. Sie fühlen sich als Teil der Gruppe und sind stolz, dazu zu gehören, weil die Admina-Gruppe im Laufe der Zeit viel geleistet hat und auch Anerkennung von außen erhält.

Frauenveranstaltung

Es ist kein Zufall sondern ein entscheidendes Merkmal und eine große Stärke, dass Admina von Frauen für Frauen veranstaltet wird. Viele Adminas empfinden die Arbeit rein unter Frauen als stressfrei, offen und ohne Druck. Hier können sie jede Frage stellen, ohne befürchten zu müssen, schief angesehen zu werden. Sie finden Gleichgesinnte und fühlen sich nicht mehr allein. Außerdem werden sie als Informatikerinnen wahrgenommen. Das Frau-Sein tritt in den Hintergrund, da diese Eigenschaft auf alle Teilnehmerinnen zutrifft. Hier ist keine Frau eine Ausnahme wie sonst in der Informatik. Diese neue Wahrnehmung befreit. Es entsteht ein Spielraum, um sich selber auszutesten und zu erproben.

Zusätzlich bietet die reine Frauenveranstaltung die Möglichkeit, die individuellen Erfahrungen in der Rolle als Frau in der Informatik gemeinsam zu reflektieren. Frauen in der Informatik sind nach wie vor eine starke Minderheit. Frauen fallen auf, wenn sie etwas gut können, sie fallen auf, wenn sie etwas nicht können, sie fallen sogar dann auf, wenn sie nur in Seminaren sitzen.

Mit dieser Wahrnehmung von Informatikerinnen als Frauen, gehen Vorannahmen einher, die positiv oder negativ besetzt sein können. Negativen Vorannahmen muss entgegentreten werden, um das Bild der Frau in der Informatik zurecht zu rücken. In Situationen, in denen sich die Frauen ihrer Fähigkeiten nicht sicher sind, können sie diesen Vorurteilen nicht entgegentreten. Wiederholen sich diese Situationen immer wieder, werden aus Vorurteilen Meinungen. Es ist demnach wichtig, das Selbstbewusstsein der Frauen zu fördern und sie darin zu bestärken, Informatik zu studieren. So kann erreicht werden, dass der Frauenanteil steigt und Frauen in der Informatik zur Normalität werden. Eine Möglichkeit, die Attraktivität dieses Studiengangs für Frauen zu steigern, besteht darin zu zeigen, dass es dort viele erfolgreiche Frauen gibt, die ihren männlichen Kommilitonen in nichts nachstehen.

Das Admina-Tutorium bietet die Möglichkeit, die Rolle der Frau in der Informatik zu reflektieren. Die Frauen sprechen über ihre individuellen Erfahrungen und Probleme und helfen sich gegenseitig, indem sie sich Tipps geben. Da Admina in erster Linie ein fachliches Tutorium ist, werden diese Reflexionen nicht explizit thematisiert, sondern vielmehr nebenbei erfahren. Dabei steht weniger die theoretische Reflexion, als der praktische Umgang mit den Tücken der Geschlechterdifferenz im Vordergrund.

Der im Admina-Tutorium verfolgte praxisorientierte Ansatz hat sich bewährt. Da sich dieser Ansatz unter Studentinnen entwickelt hat, d. h. Frauen diesen Ansatz anscheinend bevorzugen, wird er unter den Adminas als „weiblich" bezeichnet. Das heißt aber nicht, dass diese Herangehensweise nur von Frauen geschätzt wird. Auch vielen Studenten liegt dieser Zugang mehr als der herkömmliche. Der weibliche Zugang ermöglicht einen zwanglosen Umgang mit Technik. Hierdurch wird die Kommunikation über verschiedene Aspekte von Technik selbstverständlich, so dass Hemmungen abgebaut werden und das Selbstbewusstsein gestärkt wird. Mit diesem Konzept findet Admina nach wie vor große Anerkennung.

5. Einbettung in den Lehrbetrieb

Mehrmals im Laufe der Geschichte von Admina wurde rege diskutiert, ob es besser sei, Admina als Blockveranstaltung oder als regelmäßige Veranstaltung im Semester durchzuführen.

Die Gruppe entschied, das Tutorium als Blockveranstaltung beizubehalten. Das Hauptargument hierfür war die Erkenntnis, dass sich die besondere Atmosphäre ansonsten nicht aufbauen kann. Es fehlt der Rahmen, der diese Atmosphäre entstehen lässt. Die Teilnehmerinnen kommen aus Seminaren, in denen sie sich mit anderen Inhalten beschäftigt haben. Sie sind nur sehr kurze Zeit zusammen, d.h. sie haben wenig Zeit, sich auf die neue Veranstaltung einzustellen. Hinzu kommt, dass eine zweistündige Sitzung eher ausgelassen wird als ein Tag in einem Blockseminar. Dieses verhindert die Entstehung des Gruppengefühls. Außerdem fehlt die Möglichkeit zum zwanglosen Austausch am Rande.

Die 1998 neu eingeführte Studienordnung mit ihren restriktiveren Bedingungen schreibt feste Klausurentermine und zahlreiche Leistungsnachweise vor. Dies löste eine große Diskussion darum aus, ob für die Teilnahme bei Admina Leistungsnachweise vergeben werden sollten. Aufhänger dafür waren die rückläufigen Teilnehmerinnenzahlen. Jedoch entschlossen sich die Adminas, das Tutorium in seiner bisherigen Form beizubehalten. Der Grund hierfür lag in der Annahme, dass die Vergabe von Leistungsnachweisen die Aufgabe der Freiheiten bedeuten würde. Von außen festgelegte Kriterien würden Form und Inhalte beeinflussen und damit Auswirkungen auf die weibliche Herangehensweise haben. Somit wäre Admina, bis auf die Tatsache, dass nur Frauen daran teilnehmen, eine normale Lehrveranstaltung.

Referenzen:

[1] Universität Hamburg, Fachbereich Informatik *Admina* http://www.informatik.unihamburg.de/Frauen/Admina/ Letzter Zugriff: 10.11.2002

[2] Universität Hamburg *Arbeitsstelle Frauenförderung* http://www.unihamburg.de/PSV/PR/Frauen/ Letzter Zugriff: 10.11.2002

[3] Universität Bremen *Informatica Feminale* http://www.informaticafemiale.de Letzter Zugriff: 10.11.2002

[4] Internationale Frauen-Universität http://www.vifu.de/ifu-today/ Letzter Zugriff: 10.11.2002

Dr. Sylvia Neuhäuser-Metternich

Die Mathematik braucht Frauen! Mit Ada-Lovelace-Mentoring Frauen als „Change Agents" für mathematische, naturwissenschaftliche und technische Studiengänge gewinnen

(Hinweis: Die Zahlen in Klammern verweisen auf die vom Organisationskomitee der Tagung herausgegebenen „12 Thesen zur Attraktivitätssteigerung technischer Studiengänge".)

1. Beispiel Mathematik im Spiegel von Beteiligung, Leistung und Erfolg von Frauen

Derzeit gibt es in Deutschland nur vier Prozent Mathematikprofessorinnen, und auch künftig ist kein entsprechender Anstieg zu erwarten. Zu den mathematischen Führungskräften außerhalb der Universitäten zählen ebenfalls nur wenige Frauen. Die Mathematik steht hier stellvertretend für die meisten naturwissenschaftlichen und technischen Fächer, da sich dort ein vergleichbares Bild bezüglich der Beteiligung von Frauen bietet.

Die Mathematisierung der Wissenschaften hat zu einer erheblichen Einschränkung der Phänomene geführt, die überhaupt erforscht werden bzw. zu einer Beschränkung und Einseitigkeit der zugelassenen Fragestellungen. Darüber hinaus eignet sich die Mathematik in paradigmatischer Weise zur Betrachtung des Gender-Aspektes, da sie als „der entscheidende Filter für die naturwissenschaftlichen Laufbahnen" bezeichnet werden kann[1], mit denen Macht und Einfluss verknüpft sind. Auch das Ansehen einer Wissenschaft scheint „von ihrem Mathematisierungsgrad" abzuhängen und dementsprechend steigt die Höhe der Gehälter und die Beteiligung von Frauen nimmt ab[2]. Entgegen einem alten Vorurteil ist die Ursache hierfür nicht in einer geringeren Leistung oder Begabung von Frauen begründet. Spätestens seit den Veröffentlichungen von Londa Schiebinger[3] ist auch einem breiteren Personenkreis bekannt, dass in mathematischen Eignungstests systematisch männliche Versuchspersonen begünstigt werden, denn bereits nachdem der „ursprüngliche Binet-Test von 1903" ergeben hatte, „dass Mädchen intelligenter sind als Jungen", hatte Binet ihn so lange verändert, „bis beide Geschlechter gleichwertige Ergebnisse erzielten".

Dass und wie die Wahl der Inhalte (These 7) mathematische Testergebnisse bei Schülerinnen und Schülern in ganz erheblicher Weise beeinflussen kann, ist in

---

1   Londa Schiebinger, 2000, S. 229
2   US National Research Council, zit. nach Londa Schiebinger, 2000, S. 217
3   2000, S. 232ff.

zahlreichen Untersuchungen aufgezeigt worden. Demnach erreichen Jungen bessere Punktzahlen als Mädchen, „wenn es um Fragen geht, die mit Sport, Naturwissenschaften oder Geschäften zu tun haben, sowie bei Fragen, die mit konkreten Informationen umgehen", während Mädchen die Jungen übertreffen, wenn die Fragen „mit Ästhetik, Philosophie und menschlichen Beziehungen zu tun haben, und bei Fragen, die abstrakte Begriffe und Ideen verwenden"[4].

Unabhängig von der Berücksichtigung messtechnischer Aspekte bzw. des Gender - Kontextes belegen Studien, dass weder zu Beginn des 20. Jahrhunderts noch bei Absolvierenden des Jahrgangs 1998 von 48 deutschen Universitäten signifikante Unterschiede bei Examens- und Abiturnoten von Studenten und Studentinnen der Mathematik festzustellen sind[5].

Es liegt auch nicht an der Mathematik, wenn Frauen sich nicht für ein Ingenieurstudium begeistern können; dies hat eine Studie zur Bestimmung der Attraktivität des Ingenieurstudiums, die zwischen 1997 und 2000 an der TU Braunschweig durchgeführt wurde, aufzeigen können und damit ein zu einfaches, aber weit verbreitetes Erklärungsmuster als nicht haltbar erwiesen[6].

Die Mathematik – hier allerdings im Unterschied zur Physik und den meisten Ingenieurwissenschaften – erfreut sich sogar einer recht hohen Beliebtheit und eines beachtlichen Interesses bei Frauen. So steht regelmäßig die Mathematik an erster Stelle auf der Liste der Lieblingsfächer von 14 jährigen Schülerinnen verschiedener Schularten, die in den vergangenen drei Jahren am „Mädchen-Techniktag" im Forschungszentrum Jülich teilgenommen haben[7]. Auch die Zahl der Studienanfängerinnen in Mathematik ist in den letzten Jahren stetig gestiegen und lag 1998 bei 47 Prozent. Im selben Jahr erreichte der Anteil der Frauen an Promotionen allerdings nur 22 Prozent, und nur magere acht Prozent werden schätzungsweise in absehbarer Zeit zur Spitzengruppe der Mathematiker gehören, denn Frauen entscheiden sich zu fast zwei Dritteln für das erste Staatsexamen und nur zu rund einem Viertel für die Diplomprüfung[8].

Künftig werden daher sehr wahrscheinlich mehr Lehrerinnen als Lehrer an Gymnasien Mathematik unterrichten. Für die Qualität des Unterrichts lässt diese Aussicht hoffen, denn gemäß einer Studie aus Baden-Württemberg von 1998 erreichen Schüler und insbesondere Schülerinnen bessere Leistungen in Mathematik, wenn sie von einer Frau unterrichtet werden[9], da sie möglicherweise ein

---

4 Londa Schiebinger, 2000, S. 234
5 Andrea Abele-Brehm et al., 2001
6 Ulrike Vogel und Christiana Hinz, 2000
7 Sybille Krummacher, 2002
8 Andrea Abele-Brehm et al., 2001
9 Lörcher und Maier, 2000

größeres Verständnis für die Schüler/innen aufbringen und ein besseres Lernklima schaffen (Thesen 5 und 9).

2. Kommunikative Kompetenz, Wissenschaftsverständnis und Inhaltsbestimmung

Damit wird der Blick auf die Bedeutung kommunikativer Faktoren für die Vermittlung mathematisch-naturwissenschaftlicher und technischer Fachinhalte gelenkt (These 9). Didaktiker/innen sind sich darin einig, dass Diskurse im Unterricht die Kommunikationsfähigkeit entwickeln und darüber hinaus durch Vergleich und Diskussion verschiedener Beschreibungen und Begründungen unterschiedliche Zugänge zu mathematischen Problemen deutlich werden[10]. Auf diese Weise kann nicht nur in der Mathematik, sondern auch im naturwissenschaftlichen Sachunterricht ein Wissenschaftsverständnis bereits in der Grundschule entwickelt werden, bei dem die Bedeutung von Interaktivität zwischen Forscher/in und Gegenstand die notwendige Betonung erfährt und Aspekte wie „Technikfolgenabschätzung" und „Steuerung von Technikentwicklung" in den Blick geraten (These 11).

Darüber hinaus müssen im Sinne des Gender Mainstreaming Prinzips die Gender-Codierungen von Curricula analysiert und ausgeglichen werden (These 7). Zwar sind diese in Mathematik und Physik weniger offensichtlich als z.B. in der Biologie oder Medizin, doch lassen sich bei genauer Betrachtung von Sprache und Auswahl der Konkretisierungen durchaus auch hier einseitige „Kulturbindungen" erkennen (These 3). Auf diese Erkenntnis ist u. a. auch die Forderung einer „speziellen Veränderung von Mathematik- und Physikunterricht" im „Curriculum Caring" eines vom Bundesministerium für Familie, Senioren, Frauen und Jugend geförderten Gewaltpräventionsprogramms zurückzuführen[11].

Ein anschauliches Beispiel einer Gender-Codierung (These 3) bietet das bekannte Gedankenexperiment von 1935, das unter dem Namen „Schrödingers Katze" in die Lehrbücher der modernen Physik Einzug gehalten und dort mittlerweile den Rang eines der berühmtesten Paradoxien der Quantenmechanik erlangt hat. Um das Phänomen der „Überlagerung von Zuständen" im mikroskopischen Bereich anschaulich darzustellen, verwendet Schrödinger ein Beispiel aus dem makroskopischen Bereich. Da neben der Wahl des experimentellen Settings die Sprache in entscheidender Weise den Bezugsrahmen des didaktischen Geschehens bestimmt, soll Schrödinger wörtlich zitiert werden: „Man kann auch ganz burleske Fälle konstruieren. Eine Katze wird in eine

---

10 vgl. z. B. Konferenz „Mathe 2000" an der Universität Dortmund www.uni-dortmund.de/mathe2000
11 zit. nach Edith Wölfl, 2001

Stahlkammer gesperrt, zusammen mit folgender Höllenmaschine (die man gegen den direkten Zugriff der Katze sichern muss): in einem Geigerschen Zählrohr befindet sich eine winzige Menge radioaktiver Substanz, so wenig, dass im Lauf einer Stunde vielleicht eines von den Atomen zerfällt, ebenso wahrscheinlich aber auch keines; geschieht es, so spricht das Zählrohr an und betätigt über ein Relais ein Hämmerchen, das ein Kölbchen mit Blausäure zertrümmert. Hat man dieses ganze System eine Stunde lang sich selbst überlassen, so wird man sich sagen, dass die Katze noch lebt, wenn inzwischen kein Atom zerfallen ist. Der erste Atomzerfall würde sie vergiftet haben." Die mathematische Funktion des ganzen Systems im Überlagerungszustand erläutert er abschließend mit den Worten, „dass in ihr die lebende und die tote Katze zu gleichen Teilen gemischt oder verschmiert" seien.

Welche Vorstellung gibt Schrödinger hier von einem Zustand, den wir uns gerade nicht vorstellen können! Warum muß ein gewalttätiges Drama entwickelt werden und einem Tier – wenn auch nur gedanklich – Gewalt angetan werden, um die wahrscheinlichkeitstheoretischen Sachverhalte der Quantenphysik zu erörtern? Dies wird nicht erläutert und erklärt sich auch keineswegs von selbst.

Wie aus Untersuchungen zur Rezeption von Filmen bekannt ist, gibt es hier charakteristische Unterschiede bei Jungen und Mädchen: Während die Jungen vorrangig durch das Interesse an der technischen Realisation des dramatischen Geschehens (z.B. eines Mordes durch eine Höllenmaschine) geleitet werden, überwiegt bei den Mädchen die Identifikation mit den handelnden Personen und das Mitleid mit dem Opfer (z.B. mit der kleinen Katze). In abstrahierender Verkürzung kann diese Grundhaltung als „Distanz" bei den Jungen und als „Resonanz" bei den Mädchen angesprochen werden. Welche differenzierten Folgen für die intellektuelle Verarbeitung aus solchen unterschiedlichen Grundhaltungen folgen und welche Relevanz der Wahl der „Inhalte" zukommt, ist noch längst nicht hinlänglich untersucht und dort, wo entsprechende Untersuchungsergebnisse vorliegen, werden diese noch bei weitem nicht im erforderlichen Ausmaß bei der Gestaltung von Unterrichtsinhalten oder der Bestimmung von Forschungsgegenständen berücksichtigt.

3. Wenn Frauen reden können, verändert sich die Fachkultur

Der berühmte Mathematiker David Hilbert hat 1900 auf dem internationalen Mathematikerkongress in Paris die unschätzbare Bedeutung guter Fragen für den Fortschritt der Wissenschaft hervorgehoben. Ergebnisse zahlreicher Begleitstudien von „Frauenstudiengängen" bzw. monoedukativen Unterrichtsformen an Schulen und Hochschulen zeigen (These 6): Frauen stellen Fragen und vor allem, sie stellen andere Fragen als Männer. Damit wirken sich Frauenstudiengänge „auf die Kommunikations- und Lehrkultur in den Fachbereichen positiv aus"[12]. Anschaulich beschreibt diesen Prozess Minna Salminen-Karlsson (2002) als Erfahrung aus Reformprogrammen an technischen Hochschulen in Schweden: „In den herkömmlichen Informatikprogrammen gilt es als ungeschriebenes Gesetz, keine Fragen zu stellen. Die Jungs sitzen da und machen sich Notizen – niemand ist mutig genug, etwas zu fragen. Die völlig andere Verhaltensweise der Mädchen war für die Lehrenden ein echtes Problem. Sie waren nicht an Studierende gewöhnt, die Fragen stellen. Aber es hat die Lehrenden dazu veranlasst, über ihren Unterrichtsstil nachzudenken." Außerdem wurde durch das Verhalten der Studentinnen die implizite Prämisse vom Vorwissen der Studierenden zum Ausdruck gebracht und in Frage gestellt. Wie sich zeigte hatten „60% der Frauen und 30% der Männer" vor ihrem Studium „keinen Umgang mit Computern"; in der Folge profitierten nicht nur die Frauen sondern auch die Männer von der Forderung der Studentinnen, „dass zunächst ein Grundlagenwissen geschaffen werden musste"[13].

So wie in Schweden zeigt sich auch an deutschen Hochschulen: Wenn Frauen unter sich sind, kommt das didaktisch erwünschte und geforderte Gespräch in Gang. Frauen forschen nach Begründungen und spezifischen Auswirkungen bestimmter Vorgehensweisen. Dadurch veranlassen sie die Dozenten, ihre eigenen Lehrformen und -inhalte in Frage zu stellen und bieten ihnen die Gelegenheit, Varianten ihrer bisherigen Betrachtungsweise zu entwickeln (These 7). Durch die Intensivierung des Kontaktes entsteht ein anderes Klima, das von allen Beteiligten als „wärmer" empfunden wird und sich deutlich verstärkend auf Selbstkonzept und Selbstwertgefühl der Lernenden auswirkt.

Die Forderung nach einer Veränderung der Lehre an Hochschulen durch Förderung einer größeren Beteiligung der Studierenden wird schon seit langem von vielen Seiten erhoben[14]. Vor allem der Stellenwert der klassischen „Vorlesung" muss erheblich verschoben werden, soll nicht das Wissen noch länger überwiegend einseitig „ex cathedra" verkündet werden (These 10). Während in den Grundkursen der Mathematik und vor allem der Ingenieurwissenschaften noch immer in aller Regel das Studium sich so gestaltet, dass ein männlicher Dozent mit dem Rücken zu den „Hörern" an der Tafel Formeln und Gleichungen präsentiert, die von den Studierenden mehr oder weniger unreflektiert abgeschrieben werden, veranlasst der seminaristische Unterrichtsstil Gespräche über Mathematik und ermöglicht den Beteiligten zu lernen, ihre eigene Tätigkeit zu beschreiben und ihre Aussagen zu begründen.

In Studienreformprojekten werden bereits seit längerem didaktische Maßnahmen erprobt, die Berufsfähigkeit und verantwortliches Selbstdenken bei

---

12 Wolfgang Neef, 2001
13 Minna Salminen-Karlsson, 2002
14 vgl. Thomas Pelz und Wolfgang Neef, 1996; Hildegard Schaeper, 1997

Studierenden fördern (These 8). Als besonders erfolgversprechend hat sich die Anwendung der ursprünglich in der Berufsausbildung entwickelten Leittextmethode in der Hochschullehre erwiesen[15]. Hierbei wird Selbständigkeit verstärkt und handlungsorientiertes Lernen eingeübt und damit der von Frauen, aber auch von Industrieverbänden oder dem Verein Deutscher Ingenieure (VDI) immer wieder geforderten Praxisorientierung Rechnung getragen. Durch forschendes Lernen von Studierenden kann die Kluft zwischen Forschung und Lehre zugunsten beider erfolgreich überwunden werden.

4. Durch Ada-Lovelace-Mentoring den Frauenanteil erhöhen und Frauen stärken (These 1)

Wenn in einer größeren Beteiligung von Frauen eine Chance zur Veränderung der Fachkultur in Mathematik, Naturwissenschaft und Technik an Hochschulen gesehen werden kann, welche Möglichkeiten bieten sich dann, die Frauen hierfür auch zu gewinnen und dauerhaft einzubinden?

Als äußerst erfolgreiche Methode hat sich in den vergangenen Jahren das Ada-Lovelace-Mentoring erwiesen, das als Gruppenmentoring eine Vielzahl von Vorteilen gegenüber klassischen Mentoringansätzen bietet und zu einer intensiven Vernetzung von Schülerinnen, Studentinnen und im Beruf stehenden Fachfrauen führt.

Ein Ada-Lovelace-Mentorinnen-Netzwerk wurde seit 1997 zunächst in Rheinland-Pfalz – später auch in anderen Ländern – aufgebaut. Es haben bisher mehr als 300 Studentinnen und Auszubildende aus technischen Berufen als Mentorinnen mit über 10.000 Schülerinnen im Alter zwischen 10 und 20 Jahren Kontakt aufgenommen. Bei Schulbesuchen, Projekttagen an Hochschulen sowie anläßlich von Messen und vergleichbaren Veranstaltungen präsentieren sie sich kleinen Gruppen von interessierten Schülerinnen als Modelle. Im intensiven Gespräch erörtern sie Studien- oder Ausbildungsbedingungen und gewähren Einblick in die eigene Biografie, in der oftmals in typischer Weise Phasen der Unsicherheit und Entmutigung überwunden wurden. Bei Besuchen an den Hochschulen überschreiten die Schülerinnen selbst erste Schwellen, wenn sie z. B. Experimente im Labor (z. B. im Frauenprojektlabor der FH Dortmund) durchführen, an von Mentorinnen geleiteten Mathematik-Workshops teilnehmen oder ihre eigene Homepage erstellen. Die Kluft zwischen Schule und Arbeitswelt wird durch gemeinsame Betriebserkundungen und Austausch mit berufstätigen Fachfrauen überbrückt.

Während die Schülerinnen durch das Ada-Lovelace-Mentoring eine Kompetenzerweiterung hinsichtlich ihrer Studien- und Berufswahlorientierung erfahren, ist eine Stabilisierung der Studien- und Ausbildungsmotivation bei den

---

15 Karen Golle und Klaus Hellermann, 2000

Studentinnen und Auszubildenden aufgrund ihrer Mentorinnentätigkeit sowie ihrer Einbindung in die Mentorinnengruppe zu beobachten. Die dort gebotene Supervision und Weiterbildung im Bereich von Kommunikation, Moderation, Rhetorik und Didaktik trägt in erheblichem Maße zu ihrer „außerfachlichen" Qualifikation bei. Ehemalige Mentorinnen berichten von der positiven Bewertung ihrer Mentorinnentätigkeit durch ihre Arbeitgeber, die sich bereits in den Bewerbungsgesprächen gezeigt und häufig den Ausschlag für ihre Einstellung gegeben hat.

Das Ada-Lovelace-Mentoring hat sich von Beginn an im intensiven Austausch mit internationalen Partnerorganisationen entwickelt: Bereits 1999 fand eine erste Mentoring-Konferenz mit Referentinnen aus England (Women in Science and Engineering, WISE) und der Schweiz (ETH Zürich) statt. Mit Kolleginnen aus Österreich, Luxemburg und der Schweiz wurden vorbildliche Praktiken ausgetauscht und gemeinsame, durch die EU geförderte, Evaluationsmaßnahmen durchgeführt. Auf internationalen Kongressen (z. B. 1. Weltingenieurtag 2000 in Hannover; 10. GASAT-Konferenz 2001 in Kopenhagen gemeinsam mit der Association of Women in Science, AWIS und Mentor.Net, beide USA) sowie durch Kooperation mit weiteren Organisationen hat das Ada-Lovelace-Mentoring in Fachkreisen auch außerhalb von Europa Bekanntheit und Anerkennung erlangt.

Erste Evaluationsergebnisse zeigen, dass mit dem Ada-Lovelace-Mentoring der Zugang von Frauen zu mathematischen, naturwissenschaftlichen und technischen Fachbereichen gebahnt werden kann. Auch ist der Anteil der Studentinnen in den von den Ada-Lovelace-Mentorinnen beworbenen Fächern signifikant gestiegen und bei den Ada-Lovelace-Mentorinnen konnte eine Verstärkung ihrer Aufstiegsorientierung beobachtet werden. So haben etwa im Fach Mathematik an der Universität Trier in einem Jahr vier Mentorinnen mit ihrer Promotion begonnen, während in den Jahren zuvor eher selten eine Frau diesen Weg gewählt hatte.

Um allerdings eine dauerhafte und erfolgreiche Integration von Frauen zu gewährleisten, sind von Seiten der Hochschulen und Betriebe Angebote erforderlich, die sich an den Erwartungen, Bedürfnissen und der Lebenslage von Frauen orientieren und darüber hinaus langfristige arbeitsmarktpolitische Veränderungen anstoßen (Thesen 3 und 4). Dies war auch das Ergebnis der Fachtagung „Frauen – Technik – Evaluation. Frauenförderung als Qualitätskriterium technisch-naturwissenschaftlicher Studiengänge", die 2000 gemeinsam mit der Hochschul-Rektoren-Konferenz (HRK), Projekt Qualitätssicherung durchgeführt wurde. In seiner Eröffnungsrede hatte der Präsident der HRK, Prof. Dr. Klaus Landfried ausdrücklich dem Wunsch Ausdruck gegeben, dass „viele Frauen was sagen, dann müssen die Männer zuhören".

In Bezug auf die USA stellte Londa Schiebinger fest, dass an zahlreichen Universitäten spezielle Programme für Frauen in den Naturwissenschaften und im Ingenieurwesen durchgeführt werden, allerdings seien „nicht wenige davon lediglich Aushängeschilder". An den Universitäten werde es zwar durchaus begrüßt, wenn sich jemand darum kümmert, Studentinnen anzuwerben. Die Verantwortlichen „sträuben sich aber gegen Maßnahmen, die den Zweck haben, die interne Kultur der naturwissenschaftlichen Fachbereiche zu verändern, an denen diese Frauen schließlich studieren sollen" (These 3). „Während manche Universitäten eine Lehrplanreform unterstützen, gibt es nicht eine, die Maßnahmen ergreift, um Einseitigkeiten in der Forschung aufzuspüren, die auf geschlechtliche Stereotypen zurückzuführen sind"[16].

Für Europa zeigen Ergebnisse des „Gender Impact Assessment of the specific programmes of the Fifth Framework Programme" der EU, dass es keineswegs ausreicht, wenn die Berücksichtigung der Bedürfnisse und Interessen von Frauen bei der Planung von Forschungsaufgaben gefordert wird. So hat das deutliche politische Bekenntnis der EU-Kommission zum Prinzip des Gender Mainstreaming noch lange nicht die erforderliche praktische Umsetzung erfahren, da in der Technikforschung von Forscherinnen und Forschern zu viel Gewicht auf die technischen Fragestellungen gelegt und insgesamt der soziale Aspekt zu wenig berücksichtigt wird.

5. Professionalisierung und Konsolidierung durch Ada-Lovelace-Mentoring e.V.

Um in Deutschland die notwendigen Entwicklungen zu fördern, wurde 2001 der „Ada-Lovelace-Mentoring" e.V gegründet[17]. Seine Zielsetzungen sind die Professionalisierung und Konsolidierung von Mentoring-Maßnahmen und Gender-Mainstreaming-Prozessen an Hochschulen und anderen Organisationen. Durch den Aufbau eines bundesweiten Netzes unter Beteiligung von Schulen, Hochschulen, Forschungseinrichtungen, öffentlichen Stellen wie z. B. Landes- und Bundesministerien und der Arbeitsverwaltung, Unternehmen, Vereinen und Verbänden werden ubiquitär, aber vereinzelt erhobene Forderungen nach Integration von Frauen zusammengefasst und gewinnen dadurch an Gewicht. Auf dem Wege interdisziplinärer Kooperationen mit Fachverbänden und verschiedenen Berufsgruppen werden Maßnahmen zur Veränderung der Lehre in Schulen und Hochschulen und zur Förderung von Frauen für und in Führungspositionen durchgeführt (Thesen 9, 10,11 und 12).

Durch die Herausgabe von „*mentora.net* – Erste Fachzeitschrift für Mentoring und Gender Mainstreaming in Technik und Naturwissenschaften" werden be-

---

16 Londa Schiebinger, 2000, S.255
17 http://www.ada-mentoring.de

rufstätige Frauen, Berufsanfängerinnen, Mentor/innen und Journalist/innen angesprochen und erhalten ein Präsentationsforum für Aktionen zur Gewinnung und Förderung von Frauen in Technik und Naturwissenschaften sowie für gute Beispiele zur Veränderung des Unterrichts in den MINT-Fächern an Schulen und Hochschulen. Firmen, Stiftungen, Vereinen und anderen Organisationen bietet die Zeitschrift einen Zugang zu einem etablierten und ständig weiter wachsenden Netzwerk von Frauen in Naturwissenschaft und Technik (eine parallele Internet-Version erfolgt über die URL www.mentora.net).

C.V.: Dr. Sylvia Neuhäuser-Metternich, Diplom-Psychologin, Dozentin und Kommunikationstrainerin, Autorin; seit 1997 Konzeption, Aufbau und Koordination des Ada-Lovelace-Mentorinnen-Netzwerkes zur Gewinnung von Frauen für technisch-naturwissenschaftliche Studiengänge und Berufe; seit 2001 Vorstandsvorsitzende des „Ada-Lovelace-Mentoring e.V.", bundesweiter Ausbau des Mentorinnennetzwerkes, Initiierung von Gender Mainstreaming-Prozessen bei Partnerorganisationen und durch Beteiligung an EU-Forschungsanträgen.

6. Literatur

Abele-Brehm, Andrea, Krüsken, Jan, Neunzert, Helmut und Tobies Renate, 2001: Frauen in der Mathematik - Determinanten von Karriereverläufen in der Mathematik unter geschlechtervergleichender Perspektive; noch nicht abgeschlossene interdisziplinäre Studie, gefördert durch die Volkswagenstiftung

Golle, Karen und Hellermann, Klaus, 2000: Leittextgestütztes Lehren und Lernen an der Hochschule, Projekt B.I.S. Berufsfähigkeit im Ingenieurstudium, Hg. Welp, E.G. und Christmann, B., Ruhr-Universität Bochum

Konferenz „Mathe 2000" an der Universität Dortmund
www.uni-dortmund.de/mathe2000

Krummacher, Sybille, 2002: Info-Tage mit Praktikum für Schülerinnen, Forschungszentrum Jülich, mailto:s.krummacher@fz-juelich.de

Landfried, Klaus, 2001, Eröffnungsrede zur Konferenz „Frauen – Technik - Evaluation", Beiträge zur Hochschulpolitik 3

Lörcher, Gustav Adolf und Maier, Peter, 2000:
http://www.freidok.uni-freiburg.de/volltexte/120/

Neef, Wolfgang, 2001: Innovationen in der Ingenieurausbildung als Voraussetzung für eine stärkere Beteiligung von Frauen in Technik-Studium und –Beruf, in: Sander, E. und Neuhäuser-Metternich, S. Hg.: Frauen – Technik – Evaluation. Frauenförderung als Qualitätskriterium in technisch-naturwissenschaftlichen Studiengängen. Fachkonferenz an der Universität Koblenz-Landau, Abteilung Koblenz, veranstaltet vom Ada-Lovelace-Projekt gemeinsam mit der Hochschulrektorenkonferenz am 06. und 07. Juli 2000, Dokumentation der Referate aus den Workshops (Heft 7, Ada-Lovelace-Schriftenreihe), Koblenz

Neuhäuser-Metternich, Sylvia (1999): Das Ada-Lovelace-Projekt: Empowerment of Women in Naturwissenschaft und Technik. In: Brillant e.V., Dokumentation: Frauen Macht Europa, 24. Kongress „Frauen in Naturwissenschaft und Technik" vom 21.-23.5.1998 an der Universität Mainz; Frauen in der Technik - FiT - Verlag Darmstadt, S. 78 – 83.

Neuhäuser-Metternich, Sylvia (1999): Das Ada-Lovelace-Projekt - ein Mentoring-Ansatz zur Veränderung des Studienwahlverhaltens von Mädchen, in: ibv (Informationen für die Beratungs- und Vermittlungsdienste der Bundesanstalt für Arbeit in Nürnberg) 13/99, S. 1031-1032.

Neuhäuser-Metternich, Sylvia und Hummrich, Merle, (2000): Das Ada-Lovelace-Projekt: Ein Netzwerk zur Gewinnung von Frauen für technisch-naturwissenschaftliche Studiengänge, in Renate von Bardeleben (Hrsg.): Frauen in Kultur und Gesellschaft, Ausgewählte Beiträge der 2. Fachtagung Frauen-/Genderforschung in Rheinland-Pfalz 1998, Sektion IV: Naturwissenschaften, Stauffenburg Verlag, Tübingen, S. 565-527.

Neuhäuser-Metternich, Sylvia (2000): Workshop 1: Mentoring Frauen Wege in die Technik öffnen! Frauen auf dem Weg nach oben begleiten!; in: Koordinierungsstelle der Initiative Frauen geben Technik neue Impulse (Hrsg.): „Frauen in der Informationsgesellschaft" Internationale Konferenz im Rahmen der Deutschen EU-Präsidentschaft am 17.4.1999 in Düsseldorf.

Neuhäuser-Metternich, Sylvia (2000): The Ada-Lovelace-Project: Mentoring for Women into Science and Technology, in: VDI (ed.), Proceedings of the World Engineer's Convention. International Forum Women in Engineering and Science, Hannover 19.-21.6.2000, VDI-Verlag, Düsseldorf, S. 87 – 92.

Neuhäuser-Metternich, Sylvia (2001): Moderation Workshop III Rahmenbedingungen, in: HRK (Hrsg.), Frauen – Technik – Evaluation. Frauenförderung als Qualitätskriterium in technisch-naturwissenschaftlichen Studiengängen, Beiträge zur Hochschulpolitik 3, 2001, 35- 39.

Neuhäuser–Metternich, Sylvia (2002): Die Basis verbreitern – das Leitbild verändern. Ziele und erste Ergebnisse des Ada-Lovelace-Mentorinnen-Netzwerkes, in: Hermes, L., Hirschen, A. und Meißner, I. (Hrsg.): Gender und Interkulturalität. Ausgewählte Beiträge der 3. Fachtagung Frauen-/Gender-Forschung in Rheinland-Pfalz, Stauffenburg, Tübingen

Pelz, Thomas, Neef, Wolfgang, 1996: IngenieurInnen im Wandel! Ingenieurstudium im Wandel? In: Gewerkschaftliche Bildungspolitik 4

Salminen-Karlsson, Minna, 2002: Neue Zielgruppen für das Studium. Erfahrungen aus dem Reformprozess an zwei Technikinstituten in Schweden. In: Kompetenzzentrum Frauen in Informationsgesellschaft und Technologie (Hg.): Dokumentation der Internationalen Konferenz „Zukunftschancen durch eine neue Vielfalt in Studium und Lehre" in München;

Schiebinger, Londa, 2000: Frauen forschen anders. Wie weiblich ist die Wissenschaft?, C.H. Beck, München.

Vogel, Ulrike und Hinz, Christiana, 2000, unveröffentl. Manuskript

Schaeper, Hildegard, 1997: Lehrkulturen, Lehrhabitus und die Struktur der Universität. Eine empirische Untersuchung fach- und geschlechtsspezifischer Lehrkulturen. Weinheim

Synthesis Report, 2001, Gender in Research, Gender Impact Assessment of the specific programmes of the Fifth Framework Programme, European Commission, Directorate-General for Research, Brüssel

Wölfl, Edith, 2001: Gewaltbereite Jungen – was kann Erziehung leisten? Anregungen für eine gender-orientierte Pädagogik, Ernst Reinhardt Verlag, München.

Dr. Averil Meehan, Paul McCusker

Women in Computing - an Irish Perspective

Letterkenny Institute of Technology

Abstract

This paper gives an overview of female participation both in the computing industry and at undergraduate level in Ireland. While the figures for Ireland are higher than in many other countries, the under-representation of women in computing gives cause for concern.

The negative perception of computing as a subject by girls nearing the end of secondary school suggests that this trend may continue. The lack of female computing role models in industry and in academic staff at third level, especially in senior positions, does not help and may contribute to the problem.

The paper concludes by outlining initiatives in Ireland which are beginning to address this situation.

1. Introduction

In spite of the fact that Ireland has undergone tremendous growth in the past 10 years, growth that has been translated into jobs and increased prosperity, the under representation of women in the Irish workforce is a cause for concern. Although women make up 58% of the Irish population, only 29% of the workforce are fulltime females, while an additional 13% work part-time. Given that a national skills shortage is forecasted for the years 2005 –2010 across a range of industrial sectors including IT, there are an increasing number of government sponsored initiatives to increase female participation in the workforce.

This paper examines the participation of women within computing in Ireland both in the workforce and at third level. The next section considers situation within the Irish computing industry. As the IT industry is dependent on graduates, section three looks at gender issues in computing courses at third level education in Ireland. The situation in one college is studied in depth to illustrate the issues. As attitudes are often formed even earlier, section four looks briefly at attitudes of primary and secondary school pupils. Section five looks at what initiatives are in place to address this problem. The paper concludes that there is awareness of the problems of gender under representation within computing in Ireland, but there is an urgent need for more research both into the extent of the problem, and in developing solutions.

2. Women in the Irish Computing Industry

The Information Technology (IT) sector has become important to the national economy of Ireland. The Third Report of the Expert Group on Future Skills Needs highlights the need to facilitate employment in the IT sector.[1] Within the last three decades there has been a change in emphasis in Ireland from traditional industries towards high tech industries. As Trauth [2] points out:

"During the past three decades Ireland has been undergoing significant change. In the economic realm, makers of industrial policy have attempted to move the economy away from dependence upon agriculture and toward the development of new growth industries identified as chemicals, pharmaceuticals and information technology." **Trauth, "Women in Ireland's Information Industry"**

Yet in spite of this change, the Irish Software Association 2000 annual salary and conditions survey reveals the low participation of females working in the software industry, see Table 1.

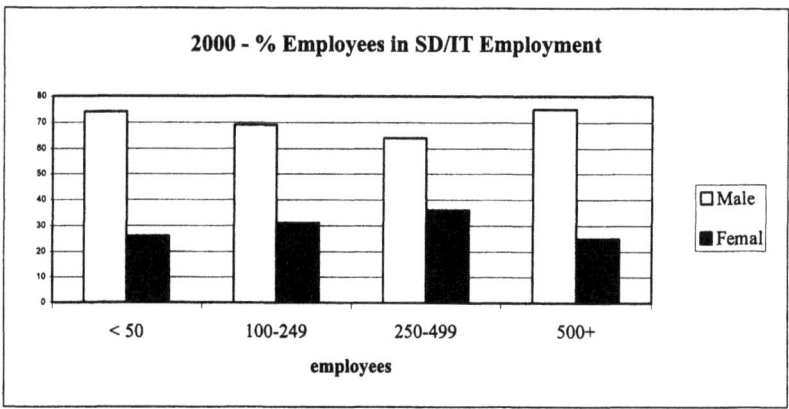

Table 1 Representation of Women in Irish Computing Companies

The problem in Ireland is not as severe as in other countries. In a recent report [3] which looked at IT practitioner skills across four countries in Europe, this gender inequality was again highlighted, of the countries surveyed, (Ireland, Germany, Sweden and the UK) Ireland has the highest representation of female computing professionals, with Ireland found to have nearly twice the proportion as that found in the UK and Germany

Women in Computing - an Irish Perspective 97

"Ireland boasts the highest fraction of female Computing Professionals, with nearly twice as high a proportion as is found in the UK and Germany" CEPSIS 2002

The rapid growth within the IT industry in Ireland [4], with many large international companies locating in Ireland, may have had an influence in this. Trauth's in depth interviews of women working in the Irish computing industry [2] found a difference between Irish and American IT firms:

"The presence of multinational information technology firms in Ireland has had a positive effect on women in the Irish labor force..... American multinationals are more liberal regarding gender." [2]

This suggests that the attitude to female graduates within individual companies is an important factor. However, more research is needed to determine the full extent of the problem before meaningful conclusions can be drawn.

3. Women in Undergraduate Computer Education in Ireland

Undergraduate computing courses in Ireland consist of three levels: certificate, diploma and degree. Generally, a certificate course takes two years to complete, the diploma three years and the degree four years. At postgraduate level there are both taught and research masters programmes. Third level education is provided by both the Universities and by the Institutes of Technology.

Within computing courses the percentage of women enrolling on computing courses is low in many countries, e.g. UK [5], Australia [6], USA [7], Sweden [8], and Germany [9]. This problem is also found in Ireland. Forbairt reports [10] show that only a quarter of Irish computer graduates are women. Marriott [11] also notes the low percentage of female graduates.

To illustrate the situation in Irish 3rd level education, an in-depth study was made at one college, Letterkenny Institute of Technology. Figures in Tables 3-8 are taken from the academic year 2001 – 2002.

Table 2 shows the low participation of students in all years of all computing courses except one.

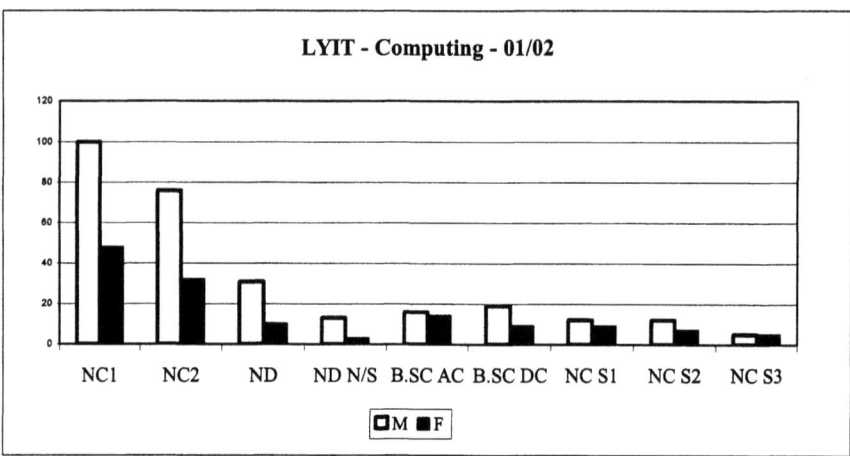

Table 2 Female participation in 3rd level computing courses

The exception is the third year of the IT Skills Computing Certificate course, where the students are largely mature students, and which has small class size. This is in keeping with the Forbairt research by Seamus Gallen who monitored the percentage of women enrolling in all Irish computing courses. This dropped from 34% at degree level and 39% at non-degree level in 1998, to 29% for all computing courses in 2001. When compared with these figures, the ratio of male to female computing students is better than the national average.

The problem of undergraduate computing is complicated by the 'pipeline shrinkage' problem, i.e. the increasing withdrawal of women at each stage of academic education. Once enrolled on a computing academic course, women are more likely than men to drop out, and the result is that the proportion of women with higher academic degrees in computing is reduced [7].

The end result is that fewer women end up with higher academic qualifications.

> "If anything, the pipeline shrinkage problem is much worse in Ireland than in other countries, especially evident in the low number of female Ph.D. computing students, and the small percentage of senior female academic staff." Camp 1997

A resulting factor of this pipeline shrinkage effect on women on computer courses is the imbalance between numbers of male and female academic staff. This imbalance is also found in Ireland. It was noted by the Committee on Equality of Opportunity, University College Cork, Fourth Report 1994.

The literature suggests that this, coupled with the lack of female role models in industry, has a discouraging effect on females either from choosing computing in the first place, or from progressing with it if it has been chosen [13, 14, 15, 16, 8)

This suggests that female students in third level education do not so as well as male students. To test this the results of both sexes as a percentage of the total number of students of that sex was calculated. This was done with exam results at degree, diploma and certificate level.

The next table shows the results at degree level, and shows that female students perform as well as male students.

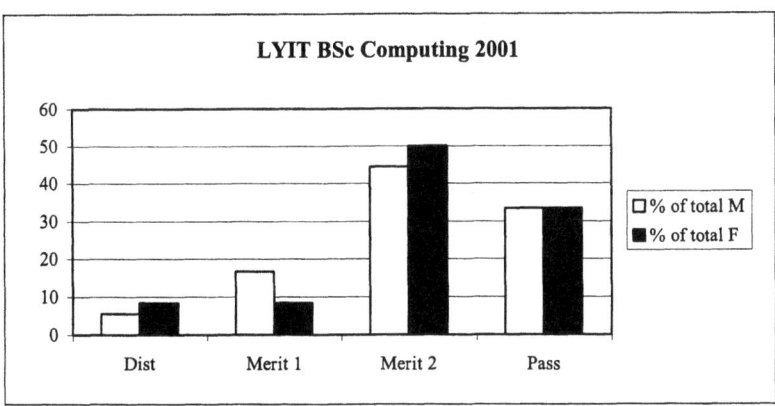

Table 3 Results of Degree in Computing

Results for Diploma in Computing, while not quite as evenly balanced, are similar. Both of these are encouraging, and much better than has been suggested in the literature. The female students performed similarly, or only slightly worse than male students. The figures for the certificate in computing are not so good. Clearly female students at certificate level are disadvantaged. Reasons for this may lie in the larger classes found on this course, but further research is needed to identify the problem.

The literature suggests that the subject content of computing academic which places emphasis on technical and abstract aspects of computing while ignoring the social and communication aspects of computing is alienating to women [9]. It may be significant that the third level college studied here places emphasis on communication skills and this is included as a module for study on many of its computing courses.

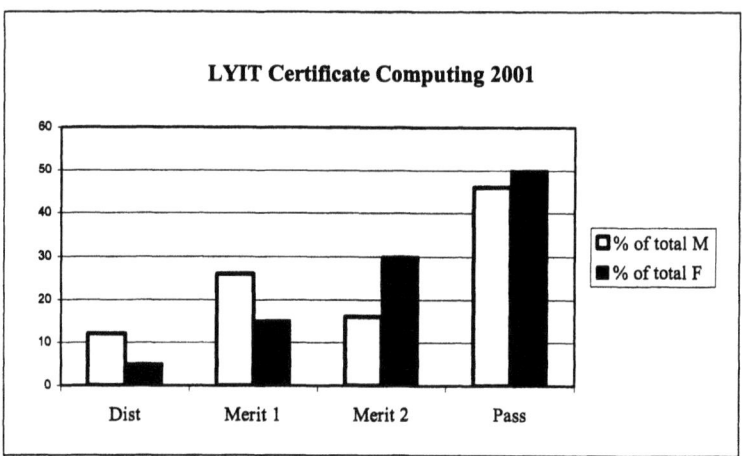

Table 4 Results of Certificate in Computing

The literature also suggests that the computing environment where computing courses are taught tends to be alienating to female students [17]. The layout of computing undergraduate labs here in Ireland tends to be large rooms with rows of computers, a setting which is not conductive to work in teams. The trend in programming design and in the programming languages themselves is to facilitate teamwork, so that once an interface to a section of code is known, different teams or individuals can develop their particular section, knowing that these will work when put together.

4. Second level Computer Education in Ireland

Computer science can be taught at secondary school level, but at present only some schools in Ireland offer this as a choice for students. Computer Science has been offered at both GCSE and at 'A' level in schools in Northern Ireland for many years, but again students decide whether or not to choose it.

Within the Irish secondary school system, all aspects of computers and IT fall under the ICT2000 strategic plan. The initial plan, which ran from 1997 to 2001, focused mainly on hardware provision and teacher training. The new strategic plan, which covers from 2001 – 2003, lists the following as its primary objectives;

- €78.72m capital grant for first and second level schools
- Priority for Special Need Students
- €29.2m for support services including teacher training
- The development school plans meet individual school needs

- The development of education web resources
- A new scheme of innovative ICT projects
- Collaboration with other social partners

At no point in the strategy is there direct provision for female students or any specific reference to increase the participation of female students in ICT. This is despite the fact that in one mixed sex secondary school surveyed the number of male students taking computing as a leaving certificate subject outnumbered female students by a factor of 6:1. This scenario was further emphasised recently by Mr. Frank Cronin, Chief Executive Irish Computer Society when he commented on the Information Technology Practitioners Skills in Europe report:

"The report points to a positive equality in opportunity for IT professionals in Ireland but this is also worrying in the context that combined with an overall drop in IT student figures, the decrease in female IT student is even greater."

A study carried out by Limerick University [18] into the third level subject choices and attitudes to computing in girls at secondary school in 1998 gives an indication that the problem of low entry into computing courses starts early. The study was based on two-second level schools in Limerick, chosen because they taught computing to all pupils surveyed. These particular schools provide access to computers that is higher than in other schools which do not have computing courses.

It was found that while girls have a positive attitude to computers, and their access to computers was high, only approximately half the girls felt competent using them, and few aspired to attend computing courses at third level. Their reason for not wanting computing as a career was that their perception of it was as machine-focused rather than 'people oriented'.

In Ireland, funding which has increased by 56.8% over the period 1997 – 2000 (Impact of IT 2000), has assisted access to computers in Post Primary schools, and while it would be reasonable to expect that increased accessibility for all students would follow. However this is somewhat complicated by two related factors. Whilst the numbers of females completing post primary level outnumber men, the new resources are generally reserved for courses, which are traditionally male dominated. (19) This leads to a reinforcement of the negative attitudes held by female students as regards computers and IT.

4. What is Being Done

The Information Technology (IT) sector is important to the national economy of Ireland, and there is awareness that there is a problem of under-representation of women within the computing industry. The Third Report of the Expert Group on Future Skills Needs highlights the need to facilitate employment in the IT sector. Based on the recommendations of this report, the Minister for Education and the Minister for Enterprise, Trade and Employment has invested funding in this area, including funding for equipment for IT skills courses at third level colleges.

At a government level attempts are being made to address the situation. The IT 2000 initiative was launched in 1997 to support the development of Information and Communication Technology (ICT) in Irish schools, costing over 40 million Irish punts over three years. The follow up in 2001 was a further investment of 109 million euros over three years for equipment and teacher training at primary and secondary school level. In spite of the increase in computing equipment in schools, the use of ICT within schools varies greatly, and is often low or inconsistent (19).

While increasing funding in this area is valuable, it does not directly address the gender imbalance found within the IT industry.

5. Conclusion

Ireland clearly has similar (if less severe) problems of low female participation in computing to the rest of the world. There is evidence of awareness of this problem in Ireland, but more research is needed, both to identify the full extent of the problem, and also to indicate solutions. This is vital to ensure that Ireland in the future can utilize all of its potential computing workforce.

References

1. Third Report of the Expert Group on Future Skills

2. E. Trauth, Women in Ireland's Information Industry: Voices from inside", www.dac.neu.edu/womens.studies/trauth.htm

3. Council of European Professional Informatics Societies (CEPSIS) Report 2002.

4. Ireland information website http://www.ireland-information.com/reference/index.htm

5. A. Durndell, K. Thompson, "gender and Computing: A Decade of Change?", Computers and Education, 28 (1), pp 1-9, 1997.

6. E.Byrne, "Women and Science, the Snark Syndrome," Falmer Press, 1993.

7. T. Camp, "The Incredible Shrinking Pipeline", Communications of the ACM, 40 (10), pp 103-110.

8. M.Salminen-Karlsson, "Why do they Never Talk About the Girls", Women into Computing Conference, 1997.

9. B. Schinzel, "Why has Female Participation in German Informatics Decreased?", Proceeding of the 6th Inrternational IFIP Conference: Women Work and Computerisation, Springer, 1997.

10. Forbairt Report, Guide to Careers in Computing", Dublin NSD.

11. S. Marriot, "Girls Just Want to have Equal Access", Irish Times, 28/08/98.

12. M. Kvande, N. Leveson, "Women in Computing: Where are we Now?", Communications of the ACM, 38 (1), pp 29-35, 1995

13. J.M.Cohoon, "Departmental Differences Can Point the Way to Improving Female Retention in Computer Science", SIGSCE Bulletin, 31(1), pp 198-202, 1999.

14. J.M.Cohoon, "Towards Improving Female Retention in Computer Science Major", Communication of the ACM, 44(5), pp 108-114, 2001.

15. S.M. Haller, T.V. Fossum, "Retaining Women in Computer Science with Accessible Role Models", SIGSCE Bulletin, 30 (1), p73. 1998.

16. J. Brown, P. Andreae, R. Biddle, E. Tempero, "Women in Introductory Computer Science", SIGSCE Bulletin 4, 1997

17. A. Pearl, "Women in Computing", Communications of the ACM, 38 (1), pp 26-27, 1995.

18. H.McQuillan, R.M.Bradley, Barriers to Women in Computing: Seeking Explanations for Women's under-representation", report of Univerity of Limerick, sponsored by Forbairt.

19. A. Mulkeen, "The Place of ICT in Irish Schools", NUI, Maynooth, 2000.

Barbara M. Grüter
Über die Verschiebung der Aufmerksamkeit vom Kalkül zur Modellbildung. Lehr- und Lernroutinen in der Mathematik

Zentrum für Informatik und Medientechnologien, Hochschule Bremen, email:grueter@informatik.hs-bremen.de; www.televise.hs-bremen.de

Mathematik lernen – Wo liegt das Problem

In der mathematikdidaktischen Debatte, die nach PISA die Öffentlichkeit erreicht hat, werden als eine Erklärung für das schlechte Abschneiden von deutschen Schülern im internationalen Leistungsvergleich Lehr- und Lernroutinen verantwortlich gemacht, die sich einseitig am mathematischen Kalkül orientieren, statt an der Bildung und dem Gebrauch von mathematischen Modellen. Im Vordergrund der Aufmerksamkeit von Lehrenden und Lernenden steht das Resultat des Lernens, nicht der Prozess (vgl. Baptist, http://blk.mat.uni-bayreuth.de/material/mathe.html). Ziel der Debatte ist damit die Verschiebung der Aufmerksamkeit aller Beteiligten vom Resultat auf den Prozess des Lernens, in dem das Resultat entsteht.

Die Frage ist natürlich, ob es überhaupt möglich ist, tiefverwurzelte, kulturell gewachsene, in den Personen und den Ordnungsmitteln verankerte Routinen des Unterrichts zu ändern? Daran lässt sich zweifeln. Sicher ist nur, dass dazu mehr gehört als die offizielle Deklaration einer anderen didaktischen Perspektive. Dennoch möchte ich hier den Blick für Mathematik als Prozess schärfen.

Ich möchte das Thema in drei Schritten behandeln. Erstens möchte ich das mathematikdidaktische Argument ausführen. Zweitens möchte ich das Thema aus der psychologischen Perspektive aufgreifen. In diesem Zusammenhang könnten sich auch Gesichtspunkte ergeben, die es möglich machen zu dem Leitthema der Tagung Stellung zu nehmen „brauchen Frauen eine andere Mathematik?". Drittens möchte ich am Beispiel des Projektes teleVISE[1] Ansatzpunkte für die Verschiebung der Aufmerksamkeit vom Kalkül zur Modellbildung benennen.

---

1   Das Projekt teleVISE „tutorial enhancement of learning environments: virtual exercises + student expertise" bietet für Studierende an der Hochschule Bremen einen Online-Übungsbetrieb mit dem Ziel an, Lehr- und Lernprozesse im Grundlagenfach Mathematik durch Flexibilisierung der persönlichen Betreuung und durch mathematikdidaktische Gestaltung von Aufgaben, Umgebung und Betreuung zu unterstützen. Das Projekt wird im Rahmen des Zukunftsinvestitionsprogramms der Bundesregierung gefördert

1. Kalkül und Modellbildung – das Argument der Mathematikdidaktik

Mathematikdidaktiker unterscheiden drei mathematische Grundverfahren:
1. Mathematik als abstraktes System und damit als Kalkül
2. Mathematik als (Ab-)Bild von außermathematischen Sachverhalten und Prozessen
3. Mathematik als Prozess, als Lernerfahrung, eine Tätigkeit, die 1 und 2 verbindet[2].

Ein mathematisches *Kalkül* ist ein Schema, ein Algorithmus oder eine Formel der Berechnung, die sich mit Mathematik als abstraktem System ergibt. Hier geht es darum Mathematik als Form wahrzunehmen. Um ein einfaches Beispiel zu nennen: x=(a*b) ist ein formales System von Größen, die in einer bestimmten Relation zueinander stehen, in der Relation der Multiplikation. Diese Relation ist zugleich eine Verhaltensvorschrift. Man muss sie befolgen, wenn man die Ergebnisse erhalten will, die durch dieses System ermöglicht werden.

Mathematik als (Ab-) *Bild* von außermathematischen Sachverhalten und Prozessen zur Kenntnis nehmen, heißt Mathematik als ein System von empirischen Größenverhältnissen wahrnehmen. Hier geht es darum Mathematik als Inhalt wahrzunehmen. In dem eingeführten Beispiel lässt sich das System der Multiplikation von Größen als ein (Ab-)Bild von rechteckigen Flächen wahrnehmen, die in unzähligen Zusammenhängen auftreten und etwa für Landvermesser, für Architekten, für Tischler eine Rolle spielen. Vom *Ab*-bild sprechen dabei diejenigen, die Erkenntnis als Abbildung oder Widerspiegelung von realen Sachverhalten sehen und damit auch die Tätigkeit des Mathematikers auf die Wiedergabe von empirischen Phänomenen reduzieren. Für andere ist gerade die Mathematik ein Beleg dafür, dass Erkenntnis mehr und anderes ist als nur eine „Kopie" von realen Phänomenen im Kopf des Mathematikers. Sie sprechen dann eher von Mathematik als Bild und betonen damit den subjektiven oder den konstruktiven Charakter mathematischer Tätigkeit. Eine weitere Variante besteht in der Verbindung beider Sichtweisen, in der Wahrnehmung von Mathematik als einer empirischen Struktur menschlicher Tätigkeit (vgl. Abschnitt „... – Sichten der Psychologie").

Bei Mathematik als *Prozess* geht es schließlich um die Bildung und den Gebrauch von mathematischen Modellen. Es handelt sich dabei um Mathematik als Lernerfahrung, als Tätigkeit eines Akteurs, die beide Seiten der Mathematik, die formale, abstrakte Seite und die inhaltliche Seite, miteinander verbindet. Ein mathematisches Modell ist Mathematik als abstraktes System in seiner Verbindung mit der *Vorstellung* von außermathematischen Sachverhalten und

---

[2] Vgl. Winter 1995, Babtist & Winter 2001, Borneleit u. a. 2000

Prozessen bzw. das abstrakte mathematische System in seiner Verbindung mit *realen* empirischen Größenverhältnissen in außermathematischen Sachverhalten und Prozessen. Mit Mathematik als Prozess bezeichnen wir also die Entstehung und die Anwendung von mathematischen Konzepten, Begriffen, Modellen und zwar unabhängig davon, ob es sich bei den handelnden Akteuren um Lerner, Mathematiker im Beruf oder gar um mathematische Genies handelt.

Die Behauptung ist, dass Lehr- und Lernroutinen im Mathematikunterricht an deutschsprachigen Schulen einseitig auf das Kalkül, auf Mathematik als abstraktes System orientieren. Mathematik wird von den Beteiligten in diesem Zusammenhang vorrangig als ein formales System wahrgenommen. Die Folge dieser Orientierung ist, dass der Lernprozess von außen durch das Resultat des Prozesses (das Ziel des Lernens) definiert wird als ein Kalkulationsmechanismus, der sich aus dem mathematischen System ergibt. Entweder vollzieht der Lernende diesen Mechanismus oder er vollzieht ihn eben nicht. *Wie er dazu kommt und was dies für ihn bedeutet, ist unerheblich.*

Ich überzeichne und karikiere hier die Orientierung am Kalkül, um die Implikationen zu verdeutlichen. Die Interaktions- und Kommunikationsprozesse zwischen Lehrer und Lerner werden mit Blick auf den Vollzug des vorgegebenen Kalkulationsschemas organisiert. Interaktion im eigentlichen Sinn, also wechselseitig und mit erwarteten, aber auch unerwarteten Resultaten, findet nicht statt. Richtig und falsch, Annäherung und Abweichung vom angestrebten Resultat regulieren die Dramaturgie des Unterrichts und konstituieren asymmetrische Beziehungen von denjenigen, die das Resultat beherrschen zu denen, die es anzielen, von Wissenden zu Unwissenden. Es geht den Beteiligten dabei nicht darum, etwas Neues zu entdecken und auch nicht darum, voneinander zu lernen.

Für einen jeden von uns erschreckend ist, dass sich diese Routinen im Mathematikunterricht über kurz oder lang häufig auch da einstellen, wo Lehrende von anderen didaktischen Konzepten der Mathematik ausgehen. Die Verselbständigung des Resultats gegenüber dem Prozess ist ein Phänomen, was man auch aus anderen Zusammenhängen kennt. Äußerer Druck, Überlastung, Überforderung können hierfür als Bedingung herhalten.

Bei dem Fokus auf das Kalkül wird ein bestimmter Lerner- oder Intelligenztyp bevorzugt und andere werden ausgeschlossen. Wenn man über das geforderte Abstraktionsniveau verfügt und den Modus der mathematischen Abstraktion beherrscht, dann ist man auf der sicheren Seite. Das Resultat wird vorausgesetzt, seine Entstehung spielt keine Rolle.

Mathematik gehört bei uns zu den Disziplinen, die ambivalente Gefühle auslösen. Den einen bereitet sie Vergnügen, den anderen tritt sie als unlösbares Rätsel gegenüber und löst eine Mischung von Bewunderung und Widerwillen aus. Die Geister scheiden sich oft schon in der Grundschule. Nur wenige wechseln danach noch die Front. Die traditionelle Stellung der Mathematik als „Königin der Wissenschaft", als Leitdisziplin für andere Disziplinen, verstärkt ihre Aura. Es sieht so aus als sei Mathematik eigentlich kein Fach, das man *lernen* kann. Man hat einen Zugang zur Welt der Mathematik oder man hat keinen. Wo liegt das Problem? Das mathematische Potenzial an den Schulen wird nicht ausgeschöpft, weder bei denen, die Mathematik lernen noch bei denen, die vor der Tür bleiben.

2. Kalkül und Modellbildung am Beispiel kindlicher Entwicklung – Sichten der Psychologie

Mathematik als Prozess, die dritte Grunderfahrung, gehört zu den Themen der Entwicklungspsychologie. Individuelle Entwicklung ist ein Prozess der Entstehung und Veränderung von Formen des Denkens und Handelns und mathematische Strukturen sind solche Formen. Entwicklung als Entstehung von Neuem ist das Kernproblem der Entwicklungspsychologie, das mit dem Problem der mathematischen Modellbildung zusammenfällt. Mathematik lernen heißt Strukturen des Denkens und Handelns transformieren.

Stufen kognitiver Entwicklung

Piaget, Entwicklungspsychologe des 20. Jahrhunderts, unterschied vier Grundstrukturen, die in der kindlichen Entwicklung notwendig aufeinander folgen:

	Stufen der Entwicklung kognitiver Strukturen nach Piaget	Ungefähre Altersangaben nach Piaget
Theorie	formal-operationales Handeln	Jugendliche (ab 12)
Begriff	konkret-operationales Handeln	Kind (5 bis 12)
Vorstellung	prä-operationales Handeln	Kleinkind (1,5 bis 5)
Empfindung	senso-motorisches Handeln	Neugeborenes (0 bis 1,5)

Stufen der Entwicklung kognitiver Strukturen nach Piaget ergänzt durch qualitative Kennzeichnungen des psychischen Niveaus in der linken Spalte durch die Verfasserin

Am Anfang steht (1) das unstrukturierte sensomotorische Handeln des Neugeborenen, das durch einen Fluss von wechselnden Empfindungen gekennzeichnet ist. Im Alter von anderthalb Jahren ist (2) das Handeln des Kleinkindes in der Regel durch erste elementare Invarianten und damit auf der psychischen Ebene durch die Ebene der Vorstellung oder Imagination gekennzeichnet. Im Alter von fünf bis sieben Jahren ist (3) das Handeln von Kindern durch einfache Systeme von Invarianten und damit durch ein begriffliches Denken gekennzeichnet, das allerdings noch an die empirische Anschauung gebunden ist. Im Alter von elf, zwölf Jahren bildet sich (4) eine weitere Abstraktionsebene aus, Systeme von Systemen ermöglichen nun das theoretische Denken und das experimentell-kontrollierte Handeln des Heranwachsenden. Dieses einfache Modell lässt sich leicht auf das Denken und Handeln von Erwachsenen übertragen, das sich an den Grenzen ihrer jeweiligen Welt eröffnet.

Das Problem der Transformation von Strukturen – das Beispiel der Mengeninvarianz

Das Problem der Transformation der Strukturen lässt sich an einem klassischen Beispiel von Piaget verdeutlichen: die Entstehung des Konzeptes der Mengeninvarianz in der kognitiven Entwicklung von Kindern.

Die Untersuchungen zur Mengeninvarianz wurden erstmalig von Jean Piaget und Alina Szeminska durchgeführt (vgl. Piaget & Szeminska 1941, S. 13-41). In diesen Untersuchungen werden Kinder im Alter von vier bis sieben Jahren mit verschiedenen Aufgaben konfrontiert. Ich stelle hier nur einen Typ von Untersuchungen und Ergebnissen vor. Die Kinder sehen verschiedene geformte Gläser vor sich. Zwei gleich geformte Gläser sind jeweils mit der gleichen Menge an Flüssigkeit gefüllt. Vor den Augen der Kinder wird nun die Flüssigkeit aus einem Glas vollständig in ein drittes deutlich anders geformtes

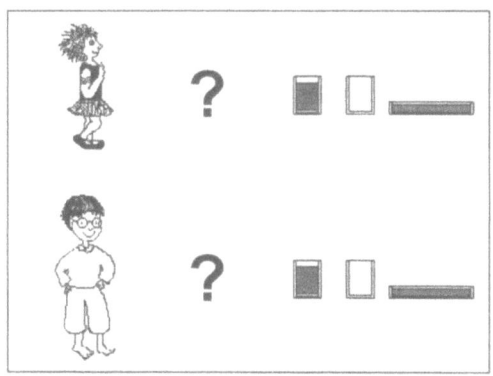

Jenny M. (4:3) und John S. (5:2)

Zeichnungen nach Untersuchungen zur Mengeninvarianz von Piaget & Szeminska 1941

Glas geschüttet (siehe Abbildungen[3]). Die Kinder werden nun gebeten, die Mengen zu vergleichen. Die Kinder äußern sich und die Versuchsleiter fragen nach, um die jeweilige Sichtweise der Kinder zu verstehen. Sie veranlassen die Kinder, ihre Urteile zu erläutern. Manchmal weisen sie die Kinder auch auf Widersprüche in ihren Urteilen hin, um zu prüfen, ob den Urteilen subjektive Gewissheiten im Sinne des Glaubens oder objektive Gewissheiten im Sinne von Beweisen zugrunde liegen. Die Untersuchung wird in verschiedenen Konstellationen wiederholt, die Gläserformen wechseln, die Anzahl der Gläser variiert, und die Fragen und Antworten ändern sich.

Die Argumente der beiden hier vorgestellten Kinder unterscheiden sich offensichtlich:

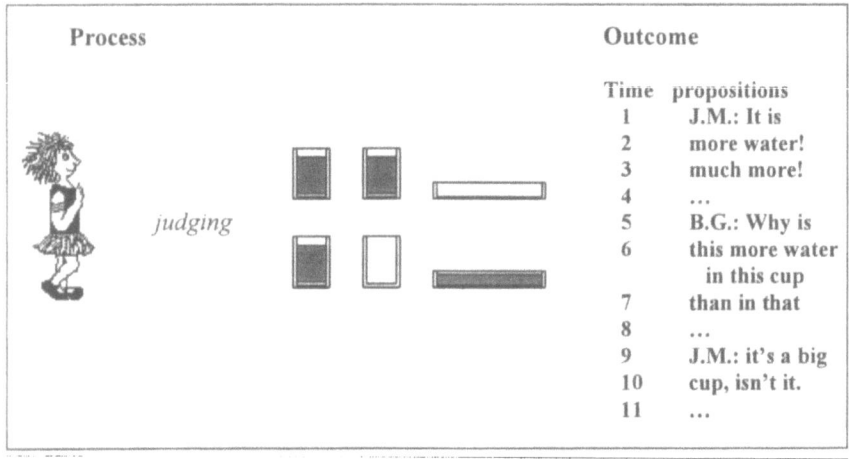

Jenny M. (4:3) dealing with the conversation task of Piaget

Jenny M., vier Jahre und drei Monate berücksichtigt in ihren Äußerungen

- entweder die Breite (Umfang) des Glases,
- oder gelegentlich die Höhe des Wasserspiegels (in weiteren Untersuchungen)
- aber nie beides kombiniert
- ein System mit einer Invariante

---

3   Die Zeichnungen machen deutlich, dass es sich hier nicht um empirisch reale Kinder handelt, sondern nur um Kinder in der Vorstellung der Autorin. Es geht mir hier nicht um den empirischen Beleg (den hat Piaget vielfach erbracht), sondern um das Argument.

Lehr- und Lernroutinen in der Mathematik   111

- das jeweils auffallendste empirische Merkmal
- nicht als eine physikalische, eindeutig bestimmte Größe, sondern
- als eine Eigenschaft in Verbindung mit anderen Eigenschaften des Kontextes

John S., fünf Jahre und zwei Monate berücksichtigt im Unterschied zu Jenny

- die Breite (Umfang) kombiniert mit der Höhe des Wasserspiegels
- ein System mit zwei Invarianten
- die als physikalische Größe erfasst werden
- als Eigenschaft isoliert von den anderen Eigenschaften des Kontextes.

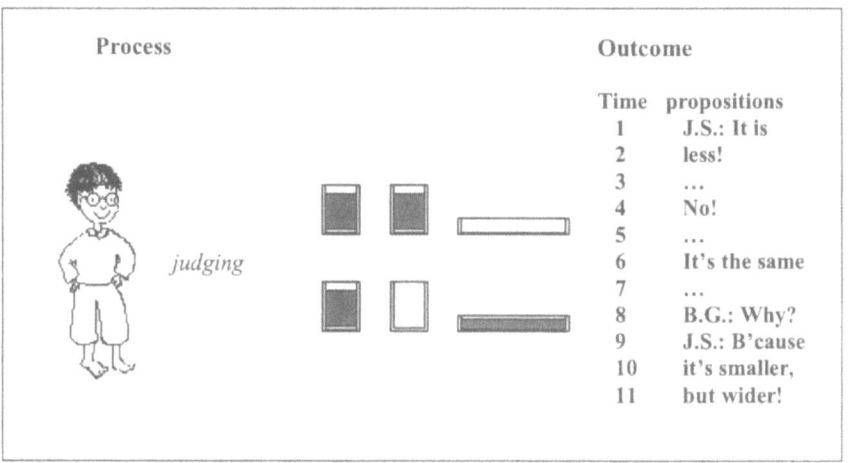

John S. (5;2) dealing with the conservation task of Piaget

Piaget und seine Mitarbeiterin kommen also zu dem Ergebnis, dass Kinder unter fünf Jahren in der Regel die in Gläsern dargebotene Wassermenge nur anhand eines einzelnen empirischen Datums bestimmen, oft an der Höhe des Wasserspiegels, manchmal auch an der Breite der Gläser, niemals aber an der Kombination der beiden Daten. Kinder im Alter von fünf Jahren beurteilen die Mengen hingegen bei überschaubaren, einfachen empirischen Konstellationen richtig, jedoch falsch bei komplizierteren Konstellationen (z. B. aufteilen der Wassermenge in eine größere Anzahl von verschiedenen Gläsern. Noch ältere Kinder lassen sich auch durch irreführende empirische Konstellationen nicht durcheinander bringen. Sie wissen, dass die Kombination der Daten die richtige Antwort ergibt, und können dies auch „beweisen"[4].

John verfügt mit anderen Worten über eine „mächtigere" kognitive Struktur. Die Frage ist, wie kommt Jenny von der einfacheren zu der mächtigeren Struktur des Denkens und Handelns? Die einfache Struktur definiert ihre Möglichkeiten. Sie begrenzt ihr Denken und Handeln und ihre Wahrnehmung empirischer Größen. Da hilft Belehrung nicht. Es hilft nicht das Zeigen von anderen Lösungen. Und Vorbilder helfen auch nicht. Jenny's Idee und Struktur der Rezeption von Gegenargumenten und -beispielen ist auf die Wahrnehmung einer empirischen Größe gepolt. Wie soll da die Idee der Kombination von zwei Größen entstehen? Piagets Untersuchungen zeigen, wie selbstverständlich die Akteure Widersprüche zu ihrem jeweiligen Konzept ausblenden. Und das, was Kinder in solchen Fällen tun, kennt man auch bei Erwachsenen.

Die Transformation von einer einfachen zu einer mächtigeren Struktur ist das Entwicklungsproblem für Kinder, für Erwachsene und auch für Mathematikgenies. Es geht um die Entdeckung und Erfindung neuer Möglichkeiten des Denkens und Handelns und es gibt kein Rezept hierfür. Die Kinder lösen das Problem praktisch, wie wir alle wissen. Die theoretische Lösung des Problems steht noch aus. Auch Piaget ist an der theoretischen Lösung gescheitert[5]. Eine Lösung ist jedoch Bedingung der Gestaltung von Lernprozessen.

Im 20. Jahrhundert wurde individuelle Entwicklung von einer Reihe von Psychologen als ein Prozess der Abstraktion konzipiert. Sie beschrieben Entwicklung als Übergang von unstrukturierten Aktivitäten des Kleinkindes zu strukturierten, hochorganisierten Aktivitäten des Erwachsenen. Hierzu zählt Freud, der die kindlichen Aktivitäten in der Beziehung zu den Eltern, den Ödipuskomplex und seine biografische Lösung, als Prozess der Bildung von Charakterstrukturen kennzeichnete. Hierzu gehört auch Piaget, der das gegenständliche Handeln von Kindern zum Ausgangspunkt seiner Theorie der Bildung von kognitiven Strukturen machte und der die Strukturen von Kindern mehr als sechzig Jahre lang empirisch untersuchte. Die Psychologie des 20. Jahrhunderts scheiterte jedoch am Entwicklungsproblem, an einer Erklärung der Entstehung und Veränderung von Strukturen[6]. Die Psychologen scheiterten, weil sie in ihren Entwicklungstheorien jeweils unterschiedliche Aspekte der Tätigkeit

---

4 Altersangaben bei Piaget sind Orientierungshilfen, keine absolut geltenden Größen. Gültig ist allein die Abfolge der Stufen.
5 Und nicht nur er. Lösungen des Entwicklungsproblems sind bis heute umstritten.
6 Heute erkennt man die normative Begrenzung solcher Sichtweisen und entwickelt weitergehende Modelle von Entwicklung. Das heißt jedoch nicht, dass die alte Theorien ad acta gelegt werden.

von Individuen verabsolutieren und zum bestimmenden Faktor von Entwicklung machen, wobei sie andere Aspekte unterordnen, ausblenden, vernachlässigen. Vereinfacht gesagt, Piaget fokussierte die empirisch-sachlichen Beziehungen eines Individuums zur Welt und erklärte von da aus Entwicklung, Freud fokussierte die sexuell-sozialen Beziehungen. Beide plädieren für Reflexion als Entwicklungsmechanismus. Sie betonen damit beide die kognitive Dimension des Psychischen und vernachlässigen die physische Dimension des Psychischen und damit deren Entwicklungspotenzial. Die einseitige Ausrichtung von Theorien geht mit blinden Flecken einher.

Piaget fokussiert theoretisch und empirisch nur einen Teilaspekt von kindlichen Aktivitäten, ihre analytischen Urteile über Mengen, blendet aber in seiner theoretischen Erklärung von Entwicklung das Entwicklungspotenzial aus, das im *Gebrauch* der Urteilsergebnisse durch die Kinder liegt.

Im Gebrauch der Ergebnisse des Denkens und Handelns kann Neues entstehen

Psychologisch gesehen hat jede menschliche Tätigkeit einen Doppelcharakter, eine formale und eine inhaltliche Seite, oder, was das gleiche ist, eine Struktur und einen Kontext. Die formale oder strukturelle Seite der Tätigkeit ergibt sich aus der Übereinstimmung von Ziel und Realisierungsbedingungen. Aus dieser Perspektive ist der Prozess der Tätigkeit vorhersehbar, kontrollierbar und kalkulierbar. Die inhaltliche Seite der Tätigkeit oder der Kontext ergibt sich aus der Interaktion der jeweiligen Bedingungen und Funktionen bei der Verfolgung des Ziels und ist immer unberechenbar.

Die *strukturelle Seite der Tätigkeit* entspricht der ersten Grunderfahrung der Mathematik als einem abstrakten System. Wir finden in dem empirischen Beispiel zwei unterschiedlich mächtige Strukturen: die kognitive Struktur von Kindern, die Flüssigkeitsmengen anhand einer empirischen Größe beurteilen, Höhe des Wasserspiegels oder Breite des Glases; und die Struktur von Kindern, die Flüssigkeitsmengen anhand der Kombination von mindestens zwei empirischen Größen beurteilen: Höhe des Wasserspiegels und Breite des Glases. Hinzu kommt noch eine Übergangsform, bei der die Kinder schwanken. Bei einfachen überschaubaren Mengenvergleichen beherrschen sie die mächtigere Struktur, bei komplexeren Verhältnissen fallen sie auf die schwächere Struktur zurück.

Die zweite Grunderfahrung der Mathematik als (Ab-) Bild von außermathematischen Sachverhalten ist das System der empirischen Größenverhältnisse, das Mengen konstituiert. Sie ergibt sich, wenn die Kinder aus der Sicht ihrer jeweiligen Mengendefinition und der damit gegebenen logischen

Struktur in ihrem jeweiligen Kontext empirische Größen fixieren, isolieren und entsprechend den Verhaltensvorschriften der jeweiligen Struktur miteinander in Verbindung setzen.

Das mathematische Konzept der Mengeninvarianz (Q) ist – im psychologischen Kontext – ein bestimmtes System von Relationen zwischen subjektiven und objektiven Bedingungen des Handelns. *Aus der Perspektive der formalen Struktur sind die empirischen Bedingungen des Handelns voneinander getrennte, eindeutige, austauschbare Größen.* Es ist egal, ob John oder Jenny ein Urteil fällt. Sie sind aus Sicht der Struktur nur als epistemische Subjekte (eS) von Interesse, ihr Geschlecht, ihre Eigenart, ihre Individualität spielt keine Rolle. Aus der Perspektive der formalen Struktur sind sie nur als Funktionsträger wahrnehmbar. Sie fungieren als Mengenbeurteiler. Sie befolgen die Verhaltensvorschrift, die dem jeweiligen Mengenkonzept (Q) zugrundeliegt. In diesem Fall verfolgt Jenny ein Mengenkonzept, dass nur eine empirische Größe wahrnehmen lässt und John ein Konzept, dass zwei empirische Größen verknüpfen lässt. Ebenso wie die Akteure aus der Perspektive der Struktur austauschbar sind, sind Gläser und Flüssigkeiten austauschbar, nur als epistemische Objekte von Bedeutung (eO), als Material, das sich als Menge beurteilen lässt. Alle anderen Bedingungen des Kontextes sowie die Interaktion der Bedingungen tritt aus der Perspektive der formalen Struktur, wenn, dann nur als störende Randbedingung in Erscheinung. Ob das Glas das Lieblingsglas von Jenny ist, ob es sich bei der Flüssigkeit um Medizin oder Saft handelt, ob Jenny und John sich nicht ausstehen können, untereinander konkurrieren oder einander zugetan sind, all das ist in diesem Zusammenhang irrelevant.

Die *inhaltliche Seite der Tätigkeit,* oder ihr Kontext, ergibt sich aus der Interaktion der subjektiven und objektiven Bedingungen. Aus dieser Perspektive sind weder Personen, noch Bedingungen austauschbar und aus der jeweiligen Interaktion von subjektiven und Bedingungen ergeben sich unvorhersehbare Wirkungen.

Die zweite Grunderfahrung der Mathematik, Mathematik als (Ab-) Bild von außermathematischen Sachverhalten und Prozessen ist nicht identisch mit der inhaltlichen Seite der menschlichen Tätigkeit. Sie ergibt sich erst, wenn der Akteur aus dem Kontext seiner Tätigkeit heraus einzelne empirische Größen isoliert. Dies geschieht durch Abstraktion. Jenny muss von allen Eigenschaften des Lieblingsglases abstrahieren, außer von seiner Funktion ein Behälter von Flüssigkeitsmengen zu sein.

Die von Piaget fokussierte Beurteilung von Mengenverhältnissen ist also eine Aktivität, bei der sich ein Akteur im Rahmen seiner kognitiven Struktur bewegt und alle anderen Aspekte des Kontextes ignoriert. Beim Gebrauch von

Lehr- und Lernroutinen in der Mathematik

Ergebnissen des Denkens und Handelns wird diese Abstraktion aufgehoben. Die ignorierten Aspekte werden wirksam.

Die Kinder gebrauchen die Ergebnisse des Denkens und Handelns zum Beispiel, wenn sie Saft verteilen und dabei auf sozialen Widerspruch stoßen oder empirischen Widerspruch erfahren. Die Untersuchungen von Piaget zeigen, dass die Kinder Erfahrungen, die im Widerspruch zu ihren Urteilen stehen, verdrängen, ausgrenzen, uminterpretieren, und dass sie in den Erklärungen ihrer Urteile alles dafür tun, ihre existierende Struktur zu erhalten. *Gleichzeitig bilden sie dabei implizites Wissen von jenen Aspekten aus, die sie explizit negieren*[7].

Im Gebrauch kommen wir an die Grenzen der Möglichkeiten, die uns durch unsere Konzepte strukturell gegeben sind und im Gebrauch machen wir die Erfahrung der Differenz zu dem, was wir denken. In der Nutzung von Ergebnissen des Denkens und Handelns, bei der Umsetzung von Ideen entstehen Störungen und unerwartete Chancen, die wir (in der Begegnung mit anderen) zur Sprache bringen können.

In traditionellen Entwicklungstheorien wurde die elementare Ebene des Gebrauchs unterschätzt. Die Idee war leitend. Der Gebrauch wurde der Idee untergeordnet. Er bestand lediglich in der Ausführung vorgegebener Möglichkeiten, die durch die Idee formuliert wurden. Auch das Scheitern von Piaget ist darauf zurückzuführen, dass er mit seinem Konzept, die Idee und deren formale Struktur zum Maß erhob. Der Inhalt des Denkens, die Seite des Kontextes, die Seite der Imagination, die Qualität der Empfindung wurden von ihm der Struktur untergeordnet.

Neue Möglichkeiten des Denkens und Handelns entstehen im Zusammenwirken von verschiedenen, logisch inkompatiblen Paradigmen oder Potenzialen des Menschen. Mit anderen Worten behauptet wird, dass sich das Entwicklungsproblem erstens nicht mittels einer Theorie alleine lösen lässt, sondern die *gleichzeitige* und *gleichwertige* Berücksichtigung verschiedener Sichtweisen erfordert, dass es sich zweitens immer nur konkret von dem jeweiligen Akteur in seinem Kontext lösen lässt und, dass sich diese Lösung drittens in der Reproduktion des Akteurs und seiner Beziehungen zur Welt ereignet. Exakt diese drei Aspekte kennzeichnen die Aktivität des Gebrauchs von Ergebnissen des Denkens und Handelns.

Auf diesem Hintergrund kann man sich sogar zum Leitthema der Tagung äußern „brauchen Frauen eine andere Mathematik?". Geht man vorübergehend von der traditionellen Sicht auf das Geschlechterverhältnis aus, wonach der Mann den Verstand und die Frau das Gefühl repräsentiert, dann besteht die Verschiebung

---

7 Unzählige empirische Hinweise hierfür finden sich gerade auch in den Arbeiten von Piaget.

der Aufmerksamkeit vom Kalkül auf die Modellbildung in der Rehabilitierung des Gefühls in der Mathematik. Der individuelle Akteur und die Bedeutung der Mathematik in seiner Tätigkeit gewinnt wieder an Bedeutung.

3. Ansätze zur Verschiebung der Aufmerksamkeit auf den Prozess im Projekt teleVISE

Das Projekt teleVISE soll an der Hochschule Bremen die Qualität der Lehre im Grundlagenfach Mathematik verbessern, indem es für die Studierenden mehrerer Fachbereiche einen Online-Übungsbetrieb anbietet, um das Lernen individuell und in Kleingruppen zu unterstützen.

Der Online-Übungsbetrieb gliedert sich in einen mathematischen (sachlichen) Teil und einen tutoriellen (sozialen) Teil auf: Der mathematische Teil des Übungsbetriebs ist ein virtueller Pool mit einer strukturierten Sammlung von Übungsaufgaben und verschiedenen Hilfe- und Recherchemöglichkeiten. Die Aufgaben werden von den Lehrenden wöchentlich eingespeist. Die tutorielle Komponente bildet ein Betreuungssystem bestehend aus mehreren Tutoren, die den Lernenden mit persönlicher Beratung und Hilfestellung etliche Stunden täglich online zur Seite stehen. Verbunden sind beide Teile durch Browsergestützte Software, insbesondere eine interaktive Arbeitsfläche.

Die Betreuung von Mathematik-Lernprozessen und die Kommunikation und Kooperation von Studierenden bei der Bearbeitung von Übungsaufgaben kann nur *prozessorientiert* funktionieren.

Jeder, der mathematische Probleme zu lösen versucht hat, weiß, dass der Moment, bevor er die Lösung hat, nur sehr schwer in Worte zu fassen ist. Die interaktive Arbeitsfläche mit ihren Text- und Grafiktools ermöglicht es den Studierenden, sich mit anderen über ihren Lösungsweg zu verständigen. Die Vision von teleVISE ist: Mein Schmierzettel, auf dem mein Lösungsweg erkennbar wird, ist in dem Moment, wo ich mich mit anderen beraten will, für die anderen sichtbar und lässt sich von ihnen ebenfalls beschreiben. Wir können gleichzeitig auf der Arbeitsfläche interagieren, uns über die Bedeutung der Zeichen verständigen und einen gemeinsamen Weg entwickeln. Ohne eine solche interaktive Arbeitsfläche, die den Prozess sichtbar macht und in den Prozess eingreifen lässt, wäre der Online-Übungsbetrieb viel zu schwerfällig, um irgendjemandem eine Hilfe bieten zu können.

Die Verschiebung der Aufmerksamkeit vom Resultat auf den Prozess des Mathematik lernens erfolgt in teleVISE nicht nur durch die interaktive Arbeitsfläche. Sie erfolgt auch durch die Gestaltung des Lernmaterials. An teleVISE beteiligte Lehrende entwickeln Aufgaben, die den ganzen Prozess der Bildung und des Gebrauchs von mathematischen Modellen thematisieren: Modellbildung – Rechnung – Anwendung – Validierung. Die Bearbeitung solcher Aufgaben, kann den Blick der Beteiligten öffnen und dazu beitragen, den Prozess mathematischer Tätigkeit zu fokussieren. Natürlich ist dies keine Garantie: Auch der Umgang mit solchen Aufgaben lässt sich auf die rechnerische Seite der Mathematik verkürzen, es ist jedoch nicht mehr so leicht. Ob die Strategie von teleVISE Erfolg verspricht, werden wir daran sehen, ob und auf welche Weise der Betrieb von den Studierenden und den Lehrenden angenommen wird und ob es uns gelingt, die Erfahrungen, die sie dabei machen, zu nutzen.

Literatur:

Baptist, P. & H. Winter (2001) Überlegungen zur Weiterentwicklung des Mathematikunterrichts in der Oberstufe des Gymnasiums. In Tenorth, H. (Hrsdg.) Kerncurriculum Oberstufe. Beltz Verlag Weinheim Basel

Baptist, P. & V. Ulm (2002) Stufen mathematischer Kompetenz nach PISA. http://blk.mat.uni-bayreuth.de/material/mathe.html

Borneleit, P., Danckwerts, R., Henn, H.-W., Weigand, H.-G.1 (2000) Expertise zum Mathematikunterricht in der gymnasialen Oberstufe.

Grüter, B. (1993). Begriffsbildung und Softwareentwicklung. Konzepte und Modelle zur Untersuchung der Begriffsbildung von Männern und Frauen in der Softwareproduktion. In M. Hildebrand-Nilshon, E.-H. Hoff & H.-U. Hohner (Hrsg.), Berichte aus dem Bereich „Arbeit und Entwicklung" am Psychologischen Institut der Freien Universität Berlin Nr. 3, (S. 1-59)

Grüter, B. M., Breuer, H. & A. Wollenberg (2000). Genese von Wissen in aufgabenorientierten Gruppen – Eine Fallstudie zur Wissensarbeit in der kommerziellen Softwareentwicklung. In E. H. Witte (Hrsg.) *Leistungsverbesserungen in aufgabenorientierten Kleingruppen.* Beiträge des 15. Hamburger Symposiums zur Methodologie der Sozialpsychologie vom 15. bis zum 16. Januar 1999. 149-179. Lengerich. Pabst Science Publishers.

Piaget, Jean (1975): Die Äquilibration der kognitiven Strukturen. Stuttgart: Klett 1976

Winter, H., (1995) Mathematikunterricht und Allgemeinbildung. In: Mitteilungen der Gesellschaft für Didaktik der Mathematik Nr. 61, 1995, S.37 – 46

Elisabeth Frank

Mathe – Mädchen – Multimedia

Der beste Weg, die Zukunft vorherzusagen, ist sie zu erfinden. Das heißt, zukünftige Entwicklungen aktiv mitzugestalten. Im internationalen Vergleich nehmen deutsche Mädchen und junge Frauen diese Chance weit weniger wahr – sie werden von Elternhaus und Schule immer noch zu wenig ermutigt, ihr Begabungspotenzial in den mathematisch-naturwissenschaftlich-technischen Fächern auszuschöpfen. Wo immer schulische Strukturen es ermöglichen, sei es bei der Zugwahl oder bei der Wahl der Fächer in der Oberstufe, verabschieden sich die meisten Mädchen aus Technik, Physik und Informatik mit den entsprechenden Konsequenzen bei der Studien- und Berufswahl.

Geschlechterunterschiede bei der PISA-Studie

Im Bereich der Mathematik sind bessere Leistungen der Jungen nur bei knapp der Hälfte der Teilnehmerstaaten signifikant und im Durchschnitt bedeutend niedriger als in Deutschland. Nur in einem knappen Fünftel der Länder gibt es Geschlechterunterschiede in den Naturwissenschaften. Dabei zeigen die Jungen in Korea, Österreich und Dänemark bessere Testergebnisse, die Mädchen in Lettland, der Russischen Förderation und Neuseeland. In Deutschland ist der Unterschied im internationalen Test unbedeutend zugunsten der Jungen. Beim nationalen Test im Bereich der Naturwissenschaften liegen die Jungen durchschnittlich 8 Punkte vor den Mädchen (Biologie –2 Punkte, Chemie +6 Punkte, Physik +9 Punkte). Die abweichenden Befunde sind dadurch zu erklären, dass der PISA-Test stärker den Bereich *Life Science* akzentuiert, bei dem erfahrungsgemäß Mädchen tendenziell relativ gute Leistungen erzielen. Der Leistungsvorsprung der Jungen ist besonders groß, wenn es zur Lösung der Aufgabe erforderlich ist, Faktenwissen aus dem Gedächtnis abzurufen und anzuwenden oder ein mentales Modell heranzuziehen. Bei der Interpretation von Grafiken und Diagrammen, beim Ziehen von Schlussfolgerungen aus gegebener Information sowie beim Verbalisieren naturwissenschaftlicher Gedankengänge sind die Unterschiede zwischen Mädchen und Jungen dagegen weniger ausgeprägt.

Bezogen auf die einzelnen Schularten vergrößern sich die Geschlechterunterschiede, weil die Geschlechter unterschiedlich auf die Schularten verteilt sind. Bei den untersuchten 15-Jährigen beträgt der Anteil der Mädchen auf dem Gymnasium 56%, auf der Hauptschule 45%, in den Sonderschulen 31%. So erreichen die Jungen in Biologie in der Realschule knapp 4, im Gymnasium stark 4 Punkte mehr, deutlich bessere Werte in Chemie (alle 3 Schularten etwa 11 Punkte), am größten ist der Anteil in Physik (Hauptschule 13 Punkte, Realschule und Gymnasium 14 Punkte)

Mögliche Gründe für die noch größere Leistungsschwäche der Mädchen

Die Wertschätzung von Naturwissenschaften und der Stellenwert naturwissenschaftlicher Fächer für die Schul- und Berufskarriere ist in Deutschland relativ gering und ganz besonders gilt dies für Mädchen und Frauen. Die Naturwissenschaften rangieren als Nebenfächer, die nicht durchgehend über die Schulzeit unterrichtet werden. Deutsche Jugendliche und ihre Eltern messen den Naturwissenschaften im Vergleich zu anderen Ländern weniger Bedeutung bei.

Auf der Ebene des Unterrichts ist der mathematisch-naturwissenschaftliche Unterricht in Deutschland über weite Strecken fragend-entwickelnd und lehrerzentriert geprägt, das heißt Vorpreschende – in der Regel einzelne Jungen – kommen zum Zug und erfahren sich als erfolgreich. Unterricht in Deutschland gibt wenig Gelegenheit für die Veränderung von Alltagsvorstellungen und für selbständiges Denken und Problemlösen. Häufig kommt auch eigenständiges Planen, Auswerten und Interpretieren zu kurz. In nordeuropäischen und vielen englischsprachigen Ländern werden stärker problem- und anwendungsorientierte didaktische Ansätze realisiert. Viele Mädchen hierzulande empfinden den Mathematikunterricht und ganz besonders den Physikunterricht als für sie *irrelevant* oder gar als *verlorene Lebenszeit.*

Bildungspolitische Konsequenzen für das Gymnasium

Mit der Einführung des Faches Naturphänomene in den Klassen 5 und 6, dem naturwissenschaftlichen Praktikum in den Klassen 9, 10 und 11 und der verbindlichen Wahl von zwei Naturwissenschaften in den Jahrgangsstufen 12 und 13 wurden in Baden-Württemberg wichtige Schritte zu Stärkung der Naturwissenschaften eingeleitet. Gleiches gilt für das Fach Mathematik mit einem für alle verbindlichen Zentralabitur.

Im Fach Naturphänomene lässt sich beobachten, dass Mädchen und Jungen mit der gleichen Begeisterung individuell und im Team experimentieren. Zur Erhaltung dieser Motivation samt eines entsprechenden Wahlverhaltens brauchen Mädchen die Unterstützung von Elternhaus und Schule, um sich nicht während der Adoleszenz weiterhin auf ein traditionelles Rollenbild und eine eingeschränkte Berufswahl einengen zu lassen. Mädchen können sich nur in einem Klima entfalten, in dem sie sich sicher sein können, dass sie selbst und ihre Fähigkeiten und Kompetenzen geschätzt und erwünscht sind. Die Realität zeigt, dass viele Mädchen sich im Laufe der Schulzeit zurücknehmen und verstummen. Immer noch stellen sich die Lehrkräfte zu wenig den Ergebnissen der Geschlechterforschung, blenden die Kategorie Geschlecht aus, leben höchst traditionelle und - betrachtet man Leitungsfunktionen – auch geschlechterhierarchische Lebensentwürfe vor. All dies hemmt Mädchen und Jungen auf unterschiedliche Weise an einer optimalen Entfaltung.

Attraktive Unterrichtsgestaltung auch für Mädchen

Ein geschlechtergerechter Unterricht knüpft an unterschiedliche Kompetenzen von Mädchen und Jungen und nicht an ihre Defizite an. Geschlechtsspezifische Interessen, Vorerfahrungen, Vorkenntnisse werden bei der Auswahl von Inhalten berücksichtigt. So spricht z. B. Anbindung an Technik, Macht, Herrschaft, Kontrolle, Wettbewerb eher Jungen an, während Mädchen in einem Kontext mit Mensch, Umwelt, Natur, Gesundheit, Fragen der Zukunftsbewältigung besser motivierbar sind. Ganzheitliches Lernen, Lernen mit allen Sinnen, lernen in einem sinnstiftenden Kontext, Verbinden der intellektuellen mit der emotionalen Ebene, kommt besonders den Mädchen entgegen und führt die Jungen an eine erweiterte Sichtweise heran. Nicht bloßes Wissen ist angesagt, sondern ein Aneignungsprozess, bei dem es um Reflektieren, Bewerten und Anwenden von Wissen und Verstehen geht. Insgesamt ist darauf zu achten, dass die unterschiedlichen Lebenswelten und Leistungen von Frauen und Männern in Vergangenheit und Gegenwart als gleich wichtig und gleichwertig thematisiert werden.

Auch Methoden und Organisationsformen von Unterricht müssen hinsichtlich ihrer unterschiedlichen Wirkung auf Mädchen und Jungen hinterfragt werden. Bei Partnerarbeit und Gruppenarbeit wirkt sich die häufig besser entwickelte Kooperationsfähigkeit der Mädchen, ihre Konzentrationsfähigkeit und Zielstrebigkeit, aber auch ihr Wohlverhalten positiv aufs Lernen aus, während sich zumindest einzelne Jungen bei der Präsentation von Ergebnissen leichter tun. Mädchen müssen für einen souveränen Vortrag eines Referates oder einer Power-Point- Präsentation anfangs mehr ermutigt werden. Bei Projektarbeiten, bei denen über einen längeren Zeitraum und regelmäßig Arbeitsaufwand zu leisten ist, bei ästhetisch ansprechenden Dokumentationen, tun sich Mädchen leichter. Besonders stark zeigen sich diese Unterschiede in der Pubertät und in Fächern wie Physik, Teilgebieten des Faches Naturphänomene und in der ITG. Hier nützt beiden Geschlechtern der zeitweise Unterricht in geschlechtshomogenen Gruppierungen, weil er bei den Mädchen gezielt an ihren Kompetenzen ansetzen kann und die Jungen dank Fehlens des weiblichen Publikums von Imponiergehabe entlastet. Grundbedingung ist allerdings, dass diese Organisationsform nicht verordnet wird, sondern von einer sensibilisierten Lehrkraft als Gesamtpaket durchgeführt wird. Dabei muss Kindern und Eltern vermittelt werden, dass es sich hier um neue Lernchancen und nicht um Trennung in „dumme Mädchen" und „böse Buben" handelt.

Erfahrungen aus sämtlichen Modellprojekten zeigen, dass ein attraktiver mathematisch- naturwissenschaftlicher *Unterricht für Mädchen* auch für Jungen attraktiv ist, nur umgekehrt gilt das nicht.

Weitere Informationen unter www.elisabethfrank.de

Dorit Heinsohn

Mainstreaming gender into the science curriculum - Plädoyer für eine Erweiterung der Perspektive auf „Frauen und Naturwissenschaften"

Mit diesem Beitrag plädiere ich für eine Erweiterung der Perspektive in den Diskussionen um Frauen und Naturwissenschaften. Ich schlage vor, nicht allein Frauen als Subjekte und Potenzial der Veränderung der Geschlechterverhältnisse in den Naturwissenschaften zu adressieren. Die Strategie der Frauenförderung, Mädchen und junge Frauen für ein naturwissenschaftliches Studium zu interessieren und sie beim Übergang vom Studium in den Beruf zu unterstützen, sollte um Strategien ergänzt werden, mit denen auch die Geschlechtlichkeit der naturwissenschaftlichen Fachkulturen thematisierbar wird. Mit dieser Gender-Perspektive sind Frauen wie Männer als Subjekte und AkteurInnen angesprochen, die für eine Transformation der Naturwissenschaften eintreten können. Die „Frauenfrage in den Naturwissenschaften" wird so zur „Geschlechterfrage in den Naturwissenschaften". Die Geschlechterfrage zu stellen bedeutet, das Geschlechterverhältnis und Annahmen über die Verknüpfung von Weiblichkeit und von Männlichkeit mit dem Unternehmen Naturwissenschaft zu thematisieren.

Im Diskurs der feministischen Naturwissenschaftsforschung wird mit dieser erweiterten Perspektive diskutiert und geforscht. Rosemarie Rübsamen bringt diese Perspektive beispielsweise in Ihrer Beschreibung der Physik als „Männermonokultur" zum Ausdruck.[1] Mit diesem Begriff wird das empirische Phänomen, dass die AkteurInnen des Wissenschaftssystems der Physik zu einer überwältigenden Mehrheit Männer sind, zum erklärungsbedürftigen Ausgangspunkt. Evelyn Fox Keller hebt die Differenz zwischen Frauen- und Geschlechterperspektive in ihrer Systematik des Forschungsfeldes „Gender and Science" hervor, indem sie die Dimension „Women in Science" von der Dimension „Gender in Science" differenziert.[2] Diese Unterscheidung beugt einer oft anzutreffenden Gleichsetzung von Forschungen über Frauen und Forschungen über Geschlecht vor. Die Analysekategorie Frauen und die Analysekategorie Geschlecht sind nicht gleichzusetzen; Geschlecht ist eine Analysekategorie für alle sozialen Akteure, nicht allein für Frauen. Im Begriff der Geschlechterforschung sind sowohl Studien über Konzeptionen von Weiblichkeit als auch Studien über Konzep-

---

1 Rübsamen, Rosemarie: „Feministische Forschung in der Physik? Probleme und Perspektiven". In: L. Blattmann [et al.] (Hrsg.): Feministische Perspektiven in der Wissenschaft. Zürich 1993, S. 151-168, hier S. 155.
2 Vgl. Keller, Evelyn Fox: „Origin, History, and Politics of the Subject Called 'Gender and Science' – A first Person Account". In: Sheila Jasanoff [et al.] (Hrsg.): Handbook of Science and Technology Studies. Thousand Oaks 1995, S. 80-94, hier S. 85.

tionen von Männlichkeit gefasst und das Verhältnis, in dem beide zueinander stehen.

Ich plädiere dafür, diese erweiterte Perspektive auch in hochschulpolitische Diskussionen um Frauenförderung in den Naturwissenschaften hineinzutragen und bei der Konzipierung von Interventionsprojekten mitzudenken.

Im folgenden stelle ich nach einer persönlichen Einleitung zum Thema die konzeptionelle Säulen des hochschulpolitischen Interventionsprojektes Degendering Science[3] vor.

Chemie, Gott und die Frauen – eine persönliche Einleitung

Um die Entwicklung meines Standpunktes und damit auch meine Erkenntnisinteressen transparent zu machen, beginne ich einer kurzen Beschreibung meines wissenschaftlichen Werdegangs und arbeite daran die Genese des Konzeptes von Degendering Science und des Perspektivenwechsel „Von der Frauenfrage zur Geschlechterfrage in den Naturwissenschaften" heraus.

Die Wahl der Studienfächer Chemie und Theologie für das Lehramt war für mich nicht mit dem Berufziel verknüpft, Lehrerin zu werden, sondern vielmehr eine Möglichkeit, der Leidenschaft für die Wissenschaft der Chemie nachzugehen ohne mich ausschließlich mit einem naturwissenschaftlichen Fach zu beschäftigen. Das Diplomstudium der Chemie erschien mir für meine Interessenslage als eine zu einseitige Spezialisierung. Die Kombination mit einem geisteswissenschaftlichen Fach ermöglichte es mir, interdisziplinär über Wissenschaft nachzudenken und andere wissenschaftliche Zugänge kennen zu lernen. Die Theologie hat sich in meinem Fall als ein sehr geeignetes interdisziplinäres Studienfach erwiesen, weil in ihren verschiedenen Subdisziplinen philosophische, historische, sprachwissenschaftliche Methoden gelehrt werden. Im Rahmen dieser interdisziplinären Ausbildung im Fach Theologie habe ich erstmals feministische Wissenschaftskritik und Methodologie kennen gelernt. Fragen nach der Abwesenheit von Frauen in der Kirchengeschichtsschreibung und der Umgang mit dem Schweigen von und über Frauen in biblischen Texten ließen sich in ähnlicher Weise auf für mein zweites Studienfach Chemie stellen. So groß die

---

3   Der vollständige Projekttitel lautet: Degendering Science – Ein Pilotprojekt zur Erweiterung des Wissenschaftsverständnisses und Curriculums der Naturwissenschaften. Es wird von Helene Götschel und mir vom Januar 2002 bis Dezember 2005 am Institut für Didaktik der Mathematik, Naturwissenschaften, Technik und des Sachunterrichts am Fachbereich Erziehungswissenschaften der Universität Hamburg durchgeführt und ist finanziert durch das Hochschul-Wissenschaftsprogramm ‚Chancengleichheit für Frauen in Forschung und Lehre' der Bund-Länderkommission für Bildungsplanung und Bildungsforschung und des Bundesministeriums für Bildung und Forschung. Für weitere Informationen siehe: http://www.erzwiss.uni-hamburg.de/degendering_science/ .

Distanz zwischen den Wissenschaften Chemie und Theologie auf den ersten Blick erschien, so nah rücken sie aus der Geschlechterperspektive.[4] Zur feministischen Naturwissenschaftforschung, meinem jetzigen Forschungsfeld, gelangte ich auf meinem wissenschaftlichen Werdegang über den Umweg der feministischen Theologie.

Das disziplinierte Geschlecht

In naturwissenschaftlichen Studiengängen gibt es bisher keine strukturellen Räume für eine interdisziplinäre Reflexion über Naturwissenschaften als Wissenschaften und als Institutionen und damit auch keinen Raum, Geschlechterverhältnisse in den Naturwissenschaften zu thematisieren. Dass die Naturwissenschaften selbst (noch) kein Ort für die interdisziplinäre Reflexion über Naturwissenschaften und Geschlecht sind, zeigt sich über die Studienpläne hinaus in Promotions- und Habilitationsordnungen sowie dem Verständnis der AkteurInnen dieser Wissenschaften davon, was naturwissenschaftliche Forschung sei. Die Grenze zwischen dem, was als Naturwissenschaft gilt und was nicht, ist zurzeit in der Weise gezogen, dass interdisziplinäre Forschung über Naturwissenschaften und Geschlecht außerhalb dieses Selbstverständnisses liegen. Die Definition disziplinärer Grenzen hat entscheidende Auswirkungen auf die Wissensproduktion. In Bezug auf die Geschlechterforschung über Naturwissenschaften können wir hier vom „disziplinierten Geschlecht"[5] sprechen, denn feministische Naturwissenschaftsforschung wird bisher durch die disziplinäre Strukturierung und das enge Selbstverständnis der Naturwissenschaften auf geistes-, sozial- und kulturwissenschaftliche Disziplinen verwiesen. In meinem Fall bedeutete dies mit einer Forschung über den Zusammenhang von physikalisch-chemischem Wissen und Geschlechterkonstruktionen an einem erziehungswissenschaftlichen Fachbereich promoviert zu werden.[6] Die Erfahrung, keinen adäquaten institutionellen Ort für die eigene Forschung zu Geschlecht und Naturwissenschaften zu haben, teile ich mit mehreren Kolleginnen, die sich seit 1994 im überregionalen Arbeitskreis feministische Naturwissenschaftskritik[7]

---

4   Dies beobachtet in Bezug auf die Physik Wertheim, Margaret: Die Hosen des Pythagoras. München 2000, S. 15.
5   Den Begriff des ‚disziplinierten Geschlechts' entlehne ich: Hark, Sabine: „Diszipliniertes Geschlecht. Konturen von Disziplinarität in der Frauen- und Geschlechterforschung". In: Die Philosophin. Nr. 23 (2001), S. 93-116.
6   Heinsohn, Dorit: Physikalisches Wissen im Geschlechterdiskurs. Thermodynamik und Frauenstudium um 1900. Frankfurt a. M. und New York 2003 (im Erscheinen).
7   Veröffentlichungen des Arbeitskreises feministische Naturwissenschaftskritik: Koryphäe Nr. 21 (1997) Schwerpunktheft Interdisziplinarität; Barbara Petersen und Bärbel Mauß (Hrsg.): Feministische Naturwissenschaftsforschung. Science & Fiction. Mössingen-Talheim 1998; Helene Götschel und Hans Daduna (Hrsg.):

zusammengeschlossen haben. Gemeinsam ist unseren Berufsbiografien, in einer Naturwissenschaft ausgebildet zu sein und die Promotion bzw. Habilitation im Bereich der feministischen Naturwissenschaftsforschung in verschiedenen geistes- und gesellschaftswissenschaftlichen Fachbereichen wie Erziehungswissenschaft, Soziologie, Politologie, Kulturwissenschaften, Philosophie und Geschichte verankern zu müssen. Kerstin Palm charakterisiert Wissenschaftlerinnen, die den Weg der reflektierten Doppelqualifikation beschreiten, als „Transdisziplinärinnen". Sie sind auf die Vermittlung zwischen den zwei sehr unterschiedlichen Wissenschaftskulturen spezialisiert: den Naturwissenschaften auf der einen Seite und den Geistes- sowie Gesellschaftswissenschaften auf der anderen Seite. Die nach wie vor dominant disziplinär strukturierte Hochschulstruktur Deutschlands qualifiziere die transdisziplinäre Spezialisierung jedoch letztendlich ab, weil entweder von naturwissenschaftlicher Seite die geistes- und gesellschaftswissenschaftliche Kompetenz mindestens als irrelevant gilt und auf der anderen Seite die geistes- und gesellschaftliche Qualifikation als nicht ausreichend beurteilt wird, um in die Disziplin als Forscherin und Lehrende aufgenommen zu werden. Dieses doppelqualifizierte und auf den transdiziplinäre Zusammenhänge spezialisierte Dazwischen-Stehen wird bisher durch die Struktur ausgegrenzt.[8] Wie die Biologie-Professorin und feministische Naturwissenschaftsforscherin Anne Fausto-Sterling feststellt, gilt dies auch für die US-amerikanische Hochschullandschaft: „There is no intellectual community (for a feminist scientist, D.H.), be it the community of scientists or the community of feminist scholars, to which I can fully belong. Nor is my liminality merely a personal dilemma; it is a fact of life experienced by every scholar I know who uses feminist analyses to better understand the world of science."[9]

Die wissenschaftspolitische Zukunftsvision ist, dass interdisziplinäre und Gender-Fragestellungen in die naturwissenschaftlichen Disziplinen integriert werden können, d. h. in die Curricula, in die Qualifizierungsarbeiten und in die Widmungen von Professuren.

Mit dieser Vision leite ich zu dem Konzept des Projektes Degendering Science über, dessen Ziel es ist, die interdisziplinäre Reflexion über Geschlechterverhältnisse in naturwissenschaftliche Studiengänge zu tragen.

PerspektivenWechsel. Frauen- und Geschlechterforschung zu Mathematik und Naturwissenschaften. Mössingen-Talheim 2001.

[8] Palm, Kerstin: „Die Transdisziplinärin – Grenzüberschreiterin und Ausgegrenzte". Dokumentation des 26. Kongresses von Frauen in Naturwissenschaft und Technik. Darmstadt 2001, S. 135-144.

[9] Fausto-Sterling, Anne: „Building Two-Way Streets: The case of Feminism and Science". In: NWSA Journal, Jg. 4, Nr. 3 (1992), S. 336-349, hier 336.

Degendering Science

Der Begriff des Degendering dient dazu, auf eine paradoxe Situation aufmerksam zu machen. In der Geschlechterforschung über Naturwissenschaften wird die Analysekategorie Geschlecht auf unterschiedlichen Ebenen angewendet. Ein geschlechteranalytischer Blick auf die Zusammensetzung der scientific community legt eine Überrepräsentanz von Männern in diesem Berufsfeld offen. Berücksichtigen wir die Frauenanteile auf den unterschiedlichen Hierarchiestufen und die verschiedenen Teildisziplinen einer Naturwissenschaft, wird deutlich was Margaret Rossiter als ‚hierarchischen und territoriale Segregation' charakterisiert hat. Der Frauenanteil sinkt sprunghaft je höher das Prestige, die Gestaltungsmacht und die Entlohnung einer Tätigkeit in den untersuchten Naturwissenschaften ist und variiert stark in unterschiedlichen Teildisziplinen.[10] Neben dieser berufshistorischen und -soziologischen Ebene verfolgt Geschlechterforschung über Naturwissenschaften, wie die Kategorie Geschlecht durch naturwissenschaftliches Wissen konstruiert wird. Vorrangig durch biologisch-medizinisches Wissen wird definiert, was eine Frau und was einen Mann charakterisiere. Gleichzeitig gehen gesellschaftliche Vorstellungen über die Geschlechter in die Produktion naturwissenschaftliches Wissen ein, womit eine dritte Ebene der Geschlechteranalyse über Naturwissenschaften angesprochen ist, die Keller als „Science of Gender" betitelt.[11]

In den sogenannten harten Naturwissenschaften, deren Gegenstände als unbelebte Materie definiert sind und anders als in den Lebenswissenschaften nicht nach Geschlechtern kategorisiert werden, ist die Geschlechteranalyse ihrer Inhalte mit erheblichem analytischen Aufwand verbunden. Diesem wichtigen Moment des ‚genderings' der Naturwissenschaften, das die Einschreibungen der Kategorie Geschlecht in naturwissenschaftliches Wissen rekonstruiert, wohnt jedoch gleichzeitig eine Paradoxie inne, welche die Historikerin Joan W. Scott für den Feminismus als soziale Bewegung wie folgt auf den Punkt gebracht hat: „To the extent that it acted for „women", feminism produced the „sexual difference" it sought to eliminate. This paradox – the need both to accept and to refuse „sexual difference" – was the constitutive condition of feminism as a political movement throughout its history".[12]

Die Gegenbewegung des „genderings" in dieser Paradoxie ist die Zukunftsvision, Geschlecht als soziale Strukturkategorie abzubauen, und die ver-

---

10 Rossiter, Margaret: Women Scientists in America. 2 Bde. Baltimore 1982 und 1995. Dies.: „Chemical Librarianship: A Kind of 'Women's Work' in America". In: Ambix. Jg. 43, Nr. 1 (1996), S. 46-58.
11 Keller a.a.O., S. 85.
12 Scott, Joan Wallach: Only Paradoxes to Offer: French Feminists and the Rights of Man. Cambridge 1996, S. 3f.

geschlechtlichte Struktur und Kultur der Naturwissenschaften zu entgeschlechtlichen. Diese Vision ist in dem Projekttitel Degendering Science ausgedrückt. Aufzulösen ist diese Paradoxie m.E. zur Zeit nicht. Es ist vielmehr eine Gleichzeitigkeit des genderings und des degenderings notwendig und vor allem die Reflexion sowohl der Problematik, dass Geschlechterforschung Geschlechterkonstruktionen reifizieren kann als auch der Unangemessenheit der Strategie des degendering für einige Problemfelder.

Der Begriff degendering stammt von Judith Lorber, einer US-amerikanischen Women's Studies- und Soziologie-Professorin. Sie plädiert für ein „feminist degendering movement" und möchte degendering verstanden wissen als „(...) long-term strategy to undermine the overall gendered structure of the societies most of us live in. Feminism has long battled against the content and rationale of women's devaluation and subordinate status. We now need a feminist degendering movement that would rebel against the division of the social world into two basic categories – the very structure of women's inequality."[13] Lorber problematisiert, dass diese Strategie in vielen, aber nicht in allen Dimensionen der sozialen Ungleichheit vielversprechend ist. Explizit klammert sie Bereiche wie sexuellen Missbrauch und Gewalt von dieser Strategie aus.

In informellen Gesprächen und Kooperationsverhandlungen mit KollegInnen aus naturwissenschaftlichen Fachbereichen, die vehement auf der Position beharren, dass ihre Wissenschaft nichts mit Geschlecht zu tun habe, kann der Begriff degendering auch als ironische Strategie dienen, an dieses Argument anzuknüpfen. Was der einen Seite Zustandsbeschreibung ist, ist der anderen Seite Zukunftsvision. So kann die Perspektive des degenderings das Nicht-Verständnis in einer solchen Situation entschärfen und schafft einen, wenn auch ironischen Grund des Konsenses.

Gender-Paradoxie: Zwischen Dramatisierung und Tabuisierung von Geschlecht

Christiane Erlemann weist in ihrer aktuellen Studie zu Aussteigerinnen aus dem Ingenieurberuf auf eine paradoxe Situation hin, mit der Frauen in naturwissenschaftlich-technischen Studiengängen konfrontiert sind: Zum einen ist das naturwissenschaftliche Fachwissen frei von der Kategorie Geschlecht und gleichzeitig ist die Fachkultur aufgrund der Abwesenheit von Frauen bzw. der Überrepräsentanz von Männern durch Geschlecht bestimmt.[14] Erlemann arbeitet

---

13 Lorber, Judith: "Using gender to undo gender. A feminist degendering movement", In: Feminist Theory. Vol. 1, Nr. 1 (2000). S. 79-95, hier S. 82.
14 Erlemann, Christiane: „Ich trauer meinem Ingenieurdasein nicht mehr nach". Warum Ingenieurinnen den Beruf wechseln – eine qualitative empirische Studie. Bielefeld 2002.

Mainstreaming gender into the science curriculum

in ihrer qualitativ empirischen Studie heraus, wie die Nicht-Thematisierbarkeit der Männlichkeit der Fachkultur, bzw. der eigenen Minderheitenrolle als Frau in diesem Fach, in Aussteigerinnen-Biografien eine Rolle spielen kann. Die Dramatisierung des Geschlechts erfahren Studentinnen der naturwissenschaftlichen Fächer mit einem sehr geringen Frauenanteil schnell. Sie fallen als Frauen in diesen Fächern auf, ihre Geschlechtszugehörigkeit wird durch Handlungen und Kommentare ihrer Kommilitonen und Hochschullehrer hervorgehoben. Der Dramatisierung ihrer weiblichen Geschlechtszugehörigkeit in dieser Fachkultur begegnen Studentinnen dieser Fächer mit unterschiedlichen Strategien. Die überdimensionierte Geschlechtlichkeit des Faches auf der Ebene der Geschlechtszugehörigkeit ihrer AkteurInnen korreliert bisher auf der Ebene der Fachinhalte mit der Kategorie Geschlecht als diskursive Leerstelle. Eine Geschlechterdimension kommt in der Physik und Chemie auf der Ebene der Fachinhalte schlichtweg nicht vor. Für Schülerinnen und Studentinnen macht diese Paradoxie in Bezug auf die Kategorie Geschlecht einen Teil der Widersprüche aus, die es bedeutet, sich als Mädchen und Frau für Physik oder Chemie zu interessieren bzw. Physiker oder Chemiker und zugleich weiblich zu sein. Diese Paradoxie kann dazu führen, dass Frauen, die sich zunächst für eines dieser Fächer interessieren, zu einem späteren Zeitpunkt einen Studien- oder Berufswechsel vornehmen.

Gehen wir davon aus, dass die oben beschriebene Paradoxie dazu beiträgt, Frauen das Verweilen in einem naturwissenschaftlich-technischen Studienfach zu erschweren, ist eine vielversprechende, zu erprobende Interventionsmöglichkeit, die Kategorie Geschlecht auf der Ebene der Fachinhalte in den Diskurs der Naturwissenschaften einzuführen und im Studium curricular zu verankern. Die Thematisierung von Geschlecht auf der Ebene der Fachinhalte ist demnach ein Schritt, um der beschriebenen paradoxen Struktur für Mädchen und Frauen in naturwissenschaftlich-technischen Fächern entgegen zu wirken. Die Kategorie Geschlecht verlöre durch eine nachhaltige Thematisierung ihren Status einer diskursiven Leerstelle auf der Ebene der Fachinhalte. Die Überdimensioniertheit der Kategorie Geschlecht auf der Akteursebene erhielte auf diese Weise ein Pendant und die paradoxe Struktur würde entzerrt.

Die Ergebnisse der Frauen- und Geschlechterforschung über Naturwissenschaften können für dieses Vorhaben genutzt werden und auf diese Weise an die Fachwissenschaften zurückgebunden werden. Diese Integration der Ergebnisse der Frauen- und Geschlechterforschung führt zu einer Erweiterung des Wissenschaftsverständnisses der Naturwissenschaften, mit der es möglich wird, die Naturwissenschaft mit interdisziplinären Zugängen als soziales Unternehmen zu thematisieren, in dem auch die Kategorie Geschlecht eine Rolle spielt.

Die These ist, dass die Vermittlung dieses geschlechteranalytischen, sozialkonstruktivistischen Wissenschaftsverständnisses die Gender-Paradoxie der

Naturwissenschaften entzerrt und so zu einer Veränderung dieser Wissenschaften und einer Verbesserung der Situation für Frauen in diesen Fächern beiträgt.

Integration von Geschlechterforschung in naturwissenschaftliche Studiengänge

Daraus ergibt sich die Aufgabe, die Ergebnisse der Frauen- und Geschlechterforschung für die Naturwissenschaften fruchtbar zu machen. Im Projekt „Degendering" Science' bedeutet das konkret, Curriculummodule zu entwickeln, die „Geschlecht und Naturwissenschaften" zum Gegenstand haben.

Die Auseinandersetzung mit diesem Thema verlangt von Studierenden naturwissenschaftlicher Fächer, die eigene Wissenschaft in einen gesellschaftlichen Kontext zu stellen und sich mit Methoden auseinander zu setzen, die Zusammenhänge zwischen Naturwissenschaften und Gesellschaft beleuchten. Bisher sind die Ergebnisse der Geschlechterforschung über Naturwissenschaften zu wenig an die Studierenden (und die Lehrenden) der naturwissenschaftlichen Fachbereiche herangetragen worden. Ein solcher Rückbezug und der in diesem Rahmen notwendige interdisziplinäre Dialog sind jedoch erforderlich, um die Erkenntnisse der Geschlechterforschung für eine geschlechtergerechte Entwicklung der naturwissenschaftlichen Fächer zu nutzen.

Was passiert, wenn die Ergebnisse der Geschlechterforschung über Naturwissenschaften in das Curriculum naturwissenschaftlicher Studiengänge integriert werden? Zunächst einmal lernen Studierende einen Meta-Blick auf ihre eigene Disziplin zu werfen und sich zu fragen, wie naturwissenschaftliche Erkenntnis entsteht und welche Rolle gesellschaftliche Kontexte in diesem Prozess spielen. Naturwissenschaft als sozialen Prozess zu begreifen und zu untersuchen, erfordert methodisches Handwerkzeug, das Naturwissenschaftsstudierende erst erlernen müssen. Das Methodenrepertoire feministischer Naturwissenschaftsforschung beinhaltet historische, gesellschaftstheoretische, erkenntnistheoretische, wissenschaftssoziologische und sprachanalytische Methoden, um nur eine Auswahl zu nennen. Mit historischen Zugängen zu einem thematischen Feld wie z. B. der Atomtheorie ist es möglich, an Zeitpunkte der Wissenschaftsgeschichte zurückzukehren, in denen diese Vorstellungen über den Aufbau der Materie noch keine gesicherte Erkenntnis war, sondern WiderstreiterInnen hatte und erst im Begriff war ein naturwissenschaftliches Faktum zu werden. Der gesellschaftliche Kontext, in dem diese Kontroverse und Wissensentwicklung stattgefunden hat, kann Aufschluss darüber geben, welche gesellschaftlichen Vorstellungen bei der Auseinandersetzung über den Aufbau der Materie mitverhandelt worden sind. An dieser Stelle können gesellschaftliche Machtverhältnisse wie das Geschlechterverhältnis sich in die Wissensentwicklung der Naturwissenschaften eingeschrieben haben.[15]

Ein weiterer Zugang, der Naturwissenschaftsstudierenden Kompetenz in Bezug auf die Einschreibung hierarchischer Geschlechtervorstellungen in naturwissenschaftliches Wissen vermittelt, ist die Sprach- und Metaphernanalyse. Obwohl die Standards naturwissenschaftlicher Objektivität eine möglichst neutrale und formalisierte Sprache vorsehen, gelingt dies – in einigen naturwissenschaftlichen Disziplinen mehr in anderen weniger – selten. Ziel der feministischen Lehre ist es nicht, den Verzicht auf Metaphern zu propagieren, sondern vielmehr eine analytische Kompetenz im Lesen der Metaphern und in Bezug auf ihren Einfluss auf die betreffende naturwissenschaftliche Theorie und Praxis zu vermitteln.[16] Studierende für die Rolle von Sprache im wissenschaftlichen Erkenntnisprozess zu sensibilisieren und ihnen analytische Kompetenz in Bezug auf den Einfluss von z. B. Metaphern auf Theorien zu vermitteln, verfolgt das Ziel, dass zukünftige NaturwissenschaftlerInnen und Lehrende naturwissenschaftlicher Unterrichtsfächer andere, geschlechtergerechte Erzählungen über Natur entwickeln.

Auch die Frage der Fachsozialisation, d. h. die Frage, wie ein Naturwissenschaftler/eine Naturwissenschaftlerin gemacht wird, ist ein zentraler Ansatzpunkt, um die vergeschlechtlichte Fachkultur der Naturwissenschaften zu thematisieren. Wenn die Naturwissenschaften sich selbst als vergeschlechtlichte Organisation reflektierten und dieses Selbstverständnis an die Novizen und Novizinnen im Studium vermittelten, wäre dies ein Impuls zur Transformation dieser Fachkultur. Die naturwissenschaftliche Fachsozialisation würde durch eine Dimension der Selbstreflexion in Bezug auf die eigene berufliche Identität und das eigene Verhalten ergänzt werden.

Building Two-Way-Streets ...

Der Nicht-Thematisierung von Geschlechterfragen in naturwissenschaftlichen Studiengängen steht auf der Seite der Gender-Studies-Studiengänge ein Mangel an Auseinandersetzung mit Natur- und Technikwissenschaften gegenüber. Natur- und technikwissenschaftliche Entwicklungen in Gender-Studies-Studiengängen nicht zu thematisieren führt mehrere Problematiken mit sich. Zum einen

---

15 Für eine detaillierte historische Analyse zur Kontroverse um die Atomtheorie im 17. Jahrhundert und dem Zusammenhang mit der Geschlechterpolitik der Zeit siehe Potter, Elizabeth: Gender and Boyle's Law of Gases. Bloomington und Indianapolis 2001.
16 Ein Klassiker der Metaphernanalyse, in dem die Autorin zeigt, wie geschlechterhierarchische Metaphern Forschungsergebnisse in der Reproduktionsbiologie formen, ist Martin, Emily: The egg and the sperm: How science has constructed a romance based on stereotypical male-female roles". In: Signs Jg. 16, Nr. 3 (1991), S. 485-501.

wird der wichtigen Rolle, die diese Wissenschaften und ihre Anwendungen für die Entwicklung und Gestaltung der Gesellschaft spielen, nicht Rechnung getragen. Um diese Entwicklungen verfolgen und ihre Relevanz für geschlechterpolitische Aspekte einschätzen zu können, müssen Studierende Kompetenzen im Umgang mit naturwissenschaftlichem Wissen erwerben. Zum anderen reproduziert diese Auslassung eine Distanz zwischen Geschlechterforschung und Naturwissenschaften, die zu einem gewissen Anteil Teil des Problems ist. Wenn Gender-Studies-Lehrende ihren (mehrheitlich weiblichen) Studierenden vermitteln, dass es in Ordnung sei, sich nicht in naturwissenschaftlich-technische Themen einzuarbeiten, wird damit die Annahne von der Naturwissenschafts- und Technikdistanz von Frauen erneut festgeschrieben.

Fausto-Sterling, die selbst seit langem in ihren Biologie-Kursen die gesellschaftliche Geschlechterdimension des naturwissenschaftlichen Wissens thematisiert, beschreibt das Problem wie folgt: „Too few of our women's studies scholars teach science or require their students to learn about it. (...) Too few of our science faculty teach science where it rightfully belongs - in its social context." Eine Folge davon sei: „... a world in which science seems an illegitimate place for women and gender studies seem an inappropriate enterprise for scientists."[17] (S. 337)

Daher gilt es im Sinne in einer Two-Way-Street-Strategie, wie Fausto-Sterling sie vorgeschlagen hat, zum einen die Ergebnisse der feministischen Naturwissenschaftsforschung in naturwissenschaftliche Curricula zu tragen und gleichzeitig natur- und technikwissenschaftliche Gegenstände und Entwicklungen in Veranstaltungen der Gender Studies zu thematisieren.

Um zusammenzufassen: GeschlechterforscherInnen brachen die Auseinandersetzung mit naturwissenschaftlicher Praxis und Theorien, um entscheidende Entwicklungen in diesem Feld „lesen" und auf geschlechterpolitische Implikationen hinweisen zu können. Naturwissenschaftler/Innen brauchen Theorien und Methoden der Geschlechterforschung, um ihr eigenes Forschungsfeld kritisch begleiten und geschlechtergerecht gestalten zu können.

Institutionelle Infrastruktur des Projektes Degendering Science an der Universität Hamburg

Diese Struktur stellt einen Versuch dar, die von Fausto-Sterling geforderte „Zweibahnstraße" zwischen Naturwissenschaften und Gender Studies zu konstruieren. Nachdem das anfängliche Ziel, das Projekt am Fachbereich Physik anzusiedeln, aus Gründen der mangelnden Akzeptanz der Mehrheit ihrer professoralen Mitglieder gescheitert war und der Fachbereich Erziehungswissenschaft sich anbot, entstand aus der Not des gescheiterten Zieles eine strukturelle An-

---
[17] Fausto-Sterling a.a.O., S. 339 und 337.

bindung, die der Idee einer Zweibahnstraße vielleicht sogar näher kommt als die ursprüngliche angestrebte Verankerung am Fachbereich Physik. Durch die lokale Besonderheit, dass die Naturwissenschaftsdidaktiken an der Universität Hamburg nicht den naturwissenschaftlichen Fachdisziplinen, sondern dem Fachbereich Erziehungswissenschaften zugeordnet sind, kann dem Fachbereich eine Rolle als Bindeglied zwischen Naturwissenschaften und Gender Studies zukommen. Verstärkt wird diese Verbindung durch jeweils eine Gender-Professur am Fachbereich Mathematik und am Fachbereich Informatik, die aus Mitteln des Hochschul-Wissenschaftsprogramm Chancengleichheit für Frauen in Forschung und Lehre der Bund-Länderkommission für Bildungsplanung und Bildungsforschung und des Bundesministeriums für Bildung und Forschung für sechs Jahre finanziert werden.

Zielgruppen des Lehrangebots von Degendering Science, denen prüfungsrelevante Leistungsnachweise ausgestellt werden können, sind bisher folgende Studierendengruppen:

→ Diplom-Physik-Studierende, die Gender Studies als Nebenfach belegen.
→ Lehramtsstudierende mit einem oder mehreren naturwissenschaftlichen Unterrichtsfächern.
→ Studierende des Diplom- und Magisternebenfachs Gender Studies mit einem geistes- oder sozialwissenschaftlichen Hauptfach.

Erweitert werden soll diese Liste durch Diplom-Studierende weiterer Naturwissenschaften wie Physik, Biologie, Geographie. Die Integration in naturwissenschaftliche Studiengänge geschieht in dieser Struktur über das Wahlangebot Gender Studies als Diplomnebenfach zu belegen. Innerhalb der Studienordnung für Gender Studies macht die Auseinandersetzung mit Natur- und Technikwissenschaften eines von drei sogenannten Grundlagenfächern aus. Eine weitere vielversprechende Möglichkeit, die Integration von Geschlechterforschung in naturwissenschaftliche Studiengänge zu realisieren, ist das Co-Teaching mit Lehrenden naturwissenschaftlicher Fachbereiche. Die bisher entwickelten Curriculummodule bzw. Seminarkonzepte von Degendering Science und in diesem Rahmen entstandene studentische Arbeiten sind auf der o.g. Projekt-Website veröffentlicht.

Helene Götschel

Lehrveranstaltungen zur Frauen- und Geschlechterforschung für Studierende der Physik - drei Beispiele aus der Universität Hamburg

Die Frauen- und Geschlechterforschung hat in den meisten Geistes-, Kultur- und Sozialwissenschaften neue Forschungsansätze und erkenntnistheoretische Positionen entstehen lassen. Institutionell reagierten inzwischen mehrere deutsche Hochschulen auf die Entwicklung dieses neuen Gebietes mit der Einrichtung eigenständiger, fachübergreifender Studiengänge für Gender Studies, allerdings bisher nur selten unter Einbeziehung mathematisch-naturwissenschaftlicher Fachbereiche. Gründe dafür sind, dass Frauen- und Geschlechterforschung zu Mathematik und Naturwissenschaften als Forschungsgebiet lange grundsätzlich in Frage gestellt wurde – ganz besonders an bundesrepublikanischen Hochschulen und dass zweitens eine Anbindung dieses interdisziplinären Forschungsfeldes sowohl von praktizierenden NaturwissenschaftlerInnen, als auch von ForscherInnen der Gender Studies meist nur in den Geistes-, Kultur- und Sozialwissenschaften als sinnvoll angesehen wurde.[1]

Dabei liegen inzwischen eine Fülle von internationalen wie nationalen Forschungsbeiträgen vor, die aus unterschiedlichen Perspektiven und unter expliziter Berücksichtigung feministischer Forschungsperspektiven auf die verschiedenen mathematisch-naturwissenschaftlichen Fachgebiete blicken und damit das Bild von Natur, sowie von Naturwissenschaft und Mathematik nachhaltig verändert haben.[2] Für eine erfolgreiche Forschungstätigkeit im Bereich Gender Studies und Naturwissenschaften, dies zeigt der Blick auf internationale, insbesondere angloamerikanische Studien, ist eine interdisziplinäre Zusammenarbeit unter Einbeziehung von Wissenschaftlerinnen und Wissenschaftlern aus Mathematik, Naturwissenschaft und Technik eine wesentliche Voraussetzung.[3] Die starren, fachgebundenen Studienpläne an deutschen Hochschulen verhin-

---

1 Ein positives Beispiel für eine transdisziplinäre Verzahnung ist der Niedersächsische Forschungsverbund für Frauen-/Geschlechterforschung in Naturwissenschaften, Technik und Medizin. Vgl. Ursula Paravicini, Christiane Riedel (Hg.): Dokumentation. Forschungsprojekte 1. bis 3. Förderrunde 1997-2001, Hannover 2002 (NFFG Band 1).
2 Siehe z.B. Londa Schiebinger: Has Feminism changed Science? Cambridge, London 1999; Helene Götschel, Hans Daduna (Hg.): Perspektivenwechsel. Frauen- und Geschlechterforschung zu Mathematik und Naturwissenschaften. Mössingen-Talheim 2001.
3 Siehe z.B. Maralee Mayberry, Banu Subramaniam, Lisa H. Weasel (Ed.): Feminist Science Studies. A New Generation. New York, London 2001.

derten jedoch bislang weitgehend die kreative Erweiterung der naturwissenschaftlichen Ausbildung um Aspekte der Gender Studies.

An der Universität Hamburg werden seit mehr als fünf Jahren Lehrveranstaltungen angeboten mit dem Ziel, die Lücke zwischen naturwissenschaftlicher Praxis und Erkenntnissen der Genderforschung zu schließen. Dabei geht es thematisch weniger um Frauen als „Andere, Ausnahmen und Exotinnen" in den Naturwissenschaften, als viel mehr um einen anderen Blick auf naturwissenschaftliche Disziplinen und um nicht weniger als die Veränderung der Wissenschaftskultur der Naturwissenschaften.[4] Welche Inhalte und Kompetenzen konkret in diesen Lehrveranstaltungen vermittelt werden, und unter welchen Bedingungen dies geschehen kann, soll im Folgenden anhand von drei Beispielen aufgezeigt werden: den Seminaren „Physik im Kontext", „Technologiedynamik" und „Science Wars Kontroverse". In diesen interdisziplinär konzipierten Seminaren wurde die Vermittlung von Ergebnissen der Genderforschung primär auf die Interessen und Wünsche der Studierenden der Physik bzw. Naturwissenschaften zugeschnitten.

Physik im Kontext – ein wissenschaftstheoretischer und feministischer Blick in die Physik

Eine Evaluation aller Lehrveranstaltungen zu Themen der Frauen- und Geschlechterforschung an der Universität Hamburg seit dem Wintersemester 1984/85 machte deutlich, dass von den knapp 1400 statt gefundenen Veranstaltungen mehr als 1100 in nur sechs Fachbereichen angesiedelt waren, die alle dem Spektrum der Sozial- und Kulturwissenschaften zuzuordnen sind. Seit über zehn Jahren war dagegen an zwei Fachbereichen der Hamburger Universität keine einzige Lehrveranstaltung zu einem Frauen- oder Genderthema durchgeführt worden: an den Fachbereichen Physik und Chemie.[5] Um dies zu ändern und innovative Lehrkonzepte im Bereich Frauen- und Geschlechterforschung zu Mathematik und Naturwissenschaften zu entwickeln, begann eine auf vier Semester angelegte Zusammenarbeit zwischen der Gemeinsamen Kommission Frauenstudien und Frauenforschung an Hamburger Hochschulen als einem hochschulübergreifenden Gremium, das sich für die Verstetigung eines entsprechenden Veranstaltungsangebotes einsetzt und sechs Wissenschaftlerinnen aus dem Arbeitskreis „Feministische Naturwissenschaftsforschung und -kritik", die zunächst naturwissenschaftlich sozialisiert waren und nun überwiegend in inter-

---

4 Siehe den Beitrag von Dorit Heinsohn: Mainstreaming Gender into the Science Curriculum in diesem Band.
5 Vgl. Heike Kahlert: Gegen-Bewegungen. Frauen- und Geschlechterforschung in der Lehre an Hamburger Hochschulen. Hamburg 1996 (hg. v. d. Gemeinsamen Kommission Frauenstudien und Frauenforschung an Hamburger Hochschulen).

disziplinären Graduierten- und Forschungskollegs oder in gesellschafts- und kulturwissenschaftlichen Disziplinen tätig waren.[6] Für die Fachbereiche Mathematik, Physik, Chemie und Biologie wurden vom Sommersemester 1997 bis zum Wintersemester 1998/99 insgesamt zehn fachspezifische oder fachübergreifende Lehraufträge konzipiert. Allen Lehrveranstaltungen war dabei gemeinsam, dass keinerlei curriculare Vorgaben existierten, so dass die Inhalte und Konzepte allein von den Lehrenden bestimmt und entwickelt wurden. In Zusammenarbeit mit dem Fachbereich Mathematik und der Arbeitsstelle für Wissenschaftliche Weiterbildung wurde darüber hinaus eine auf zwei Semester angelegte Ringvorlesung zu „Frauen- und Geschlechterforschung zu Mathematik und Naturwissenschaften" angeboten. Die geförderten Lehrveranstaltungen wurden evaluiert und die Ergebnisse in einem Erfahrungsbericht der Öffentlichkeit zugänglich gemacht.[7] Ein Großteil der Beiträge der Ringvorlesung, die neuere Forschungsarbeiten auf dem Gebiet der Gender Studies zu Naturwissenschaften vorstellten, wurde ebenfalls veröffentlicht.[8] Ziel der Lehrveranstaltungen und Beiträge der Ringvorlesung war es, die internationalen und nationalen Ergebnisse des Forschungsfeldes in den Naturwissenschaften bekannt zu machen und bei Studierenden, Lehrenden und all denjenigen, die sich in Studienreformprozessen mathematischer, naturwissenschaftlicher und technischer Studiengänge an Hamburger Hochschulen engagieren ein erstes Interesse an der Verknüpfung von Frauen- und Geschlechterforschung mit Naturwissenschaften wecken.

Aus diesem Förderschwerpunkt werde ich nun ein Lektüreseminar vorstellen, das ich im Sommersemester 1997 am Fachbereich Physik zum Thema „Physik im Kontext – ein wissenschaftstheoretischer und feministischer Blick in die Physik" durchführte. Ziel der Lehrveranstaltung war es, das Fach Physik in einen größeren historischen, sozialwissenschaftlichen und wissenschaftstheoretischen Zusammenhang zu stellen, da erst aus dieser Perspektive Genderfragen sinnvoll in den Blick genommen werden können. Wir beschäf-

---

6   Für weitere Informationen zum Arbeitskreis Feministische Naturwissenschaftsforschung und -kritik siehe z. B. http://www.die-bonn.de/service/forschungsdokumentation/gender_projektgruppen.php3?counter=30,00 (letzter Zugriff 20.12.2002).

7   Vgl. Smilla Ebeling, Helene Götschel: Feministische Wissenschaftskritik - Frauen- und Geschlechterforschung in der Lehre in der Mathematik und den Naturwissenschaften. Erfahrungsbericht über geförderte Lehrveranstaltungen in den Fachbereichen Mathematik, Physik, Biologie und Chemie an der Universität Hamburg vom Sommersemester 1997 bis zum Wintersemester 1998/99. Hamburg 2000 (hg. v. d. Gemeinsamen Kommission Frauenstudien und Frauenforschung an Hamburger Hochschulen).

8   Vgl. Helene Götschel, Hans Daduna (Hg.): Perspektivenwechsel. Frauen- und Geschlechterforschung zu Mathematik und Naturwissenschaften. Mössingen-Talheim 2001.

tigten uns zunächst mit dem Selbstverständnis des Fachs und der Fachsozialisation angehender Physikerinnen und Physiker und betrachteten anschließend den Wandel historischer Weltbilder und die Bedeutung der Forschungspolitik für die Entwicklung physikalischen Wissens. Nach dieser einleitenden Phase der Aneignung einer neuen Sicht auf die eigene Wissenschaftsdisziplin waren die Teilnehmenden sensibilisiert dafür, feministische und wissenschaftskritische Ansätze in engeren Sinn in den Blick zu nehmen. Die ausgewählten Texte umfassten dabei historische und soziologische Fragestellungen, Arbeiten der Wissenschaftsforschung und Wissenschaftstheorie, Fallstudien und Überblicksdarstellungen und zeigten damit unterschiedliche Facetten des feministischen Blicks in die Naturwissenschaften auf. Um zu vermitteln, dass die Beschäftigung mit entsprechenden Fragestellungen nicht so abwegig ist, wie es Physikstudierenden in Hamburg auf den ersten Blick erscheinen mag, analysierten wir abschließend alternative Lehrpläne und Studiengänge, u.a. das Kommentierte Vorlesungsverzeichnis des „Science and Technology Studies"-Programms am angesehenen US-amerikanischen Massachusetts Institute of Technology (MIT).[9]

Die Veranstaltung besaß, wie alle Veranstaltungen des Förderschwerpunktes, keine Prüfungsrelevanz, sondern stellte lediglich ein zusätzliches Studienangebot dar. Sie richtete sich vorwiegend an Studentinnen und Studenten der Naturwissenschaften, begrüßte jedoch ebenfalls die Teilnahme von Studierenden sozial- und kulturwissenschaftlicher Fächer. Abweichend von allen interdisziplinären Seminaren und den Lehrveranstaltungen in den anderen Fachbereichen nahmen am Seminar „Physik im Kontext" ausschließlich Frauen teil, die alle Physik studierten oder studiert hatten: eine Studentin auf Physik-Diplom, eine Studentin auf Physik-Lehramt, eine Studentin, die ihr Physikstudium abgebrochen hatte und inzwischen Musikwissenschaft studierte, zwei Diplom-Physikerinnen und eine Physik-Doktorandin. Zwei Teilnehmerinnen hielten ihre Erfahrungen mit dem Seminar Physik im Kontext in einem Artikel für die Fachschaftszeitung „Impuls" fest mit folgenden Worten: „Im Seminar haben wir eine neue, spannende Art kennengelernt, über Physik zu sprechen und nachzudenken. Insgesamt bekamen wir ein realistischeres Bild von einer Wissenschaft, mit der wir uns trotz aller Kritik gerne beschäftigen. Allerdings sollte in Zukunft die erfolgreiche Mitarbeit in feministischen und wissenschaftskritischen Seminaren auch vom Fachbereich Physik mit einem prüfungsrelevanten Schein anerkannt werden!"[10]

---

9 Für eine ausführliche Seminarbeschreibung siehe Smilla Ebeling, Helene Götschel: Feministische Wissenschaftskritik. Hamburg 2000, S. 88.
10 Claudia Fiedler, Helene Götschel, Franziska Matthies: Physik im Kontext. In: Impuls - Zeitung der Fachschaft Physik an der Universität Hamburg, Heft 88, Sommersemester 1997, S. 20.

Technologiedynamik

Im Rahmen ihres Hauptstudiums besuchen Diplomstudierende der Physik an der Universität Hamburg ein Proseminar nach freier Themenwahl. Sie beschäftigen sich dort vertieft mit Fragen der Angewandten Physik und Experimentalphysik (z. B. Medizinische Physik) oder der Theoretischen Physik (z. B. Quantum Computing) und lernen, mit aktuellen Forschungsergebnissen umzugehen und selbst Präsentationen zu erarbeiten. Traditionell werden dabei im Bereich der Angewandten Physik und Experimentalphysik regelmäßig Proseminare angeboten, die eine etwas breitere Sicht auf die Physik zulassen und gesellschaftlich relevante Fragen berühren. Diese Vertiefungsveranstaltungen thematisieren beispielsweise Internationale Sicherheit, Globale Zukunftsfragen und Rationale Energienutzung aus einer physikalischen Perspektive und werden u. a. von Prof. Hartwig Spitzer, einem engagierten experimentellen Elementarteilchenphysiker, oftmals im Co-teaching mit weiteren Kollegen der Physik und verwandter Wissenschaften, angeboten. Für das Sommersemester 2001 konzipierte Hartwig Spitzer gemeinsam mit dem Laserphysiker Prof. Günter Huber und dem Friedensforscher Dr. Götz Neuneck ein Proseminar zum Thema Technologiedynamik, in dem die Verzahnung von naturwissenschaftlicher Forschung, technologischer Entwicklung und ökonomischen Dynamiken beleuchtet werden sollte.

Nachdem der Seminarplan bereits in groben Zügen fest stand, bat Hartwig Spitzer meine Kollegin Petra Lucht und mich um eine Bereicherung der Lehrveranstaltung mit Ergebnissen der Geschlechterforschung. Beide sind wir Diplom-Physikerinnen. Petra Lucht promoviert in Soziologie über die physikalische Fachsozialisation, ich promovierte in Sozial- und Wirtschaftsgeschichte über Netzwerke von Naturwissenschaftlerinnen. Es gelang Petra Lucht und mir, auf unterschiedlichen Ebenen wichtige Fragestellungen und Ansätze in das Seminar einzubringen. Zwei der ursprünglich geplanten Seminarsitzungen wurden komplett durch Themen ersetzt, bei denen die Genderperspektive eine zentrale Rolle einnahm. Eine der beiden Sitzungen nannten wir „Akteursnetzwerke der Naturwissenschaft und Technik". Hier wurden Ergebnisse einer aktuellen Studie zu Frauen als Akteurinnen der Physik vorgestellt, die im Auftrag des Arbeitskreises Chancengleichheit der Deutschen Physikalischen Gesellschaft angefertigt worden war.[11] Die zweite Sitzung trug den Titel „Technologieverhältnisse und Geschlechterverhältnisse". Hier wurde am Beispiel der Mikrowelle der Blick auf die technische Funktionsweise einer Mikrowelle erweitert um Ergebnisse der

---

11 Vgl. Bärbel Könekamp, Beate Krais, Martina Erlemann, Corinna Kausch: Chancengleichheit für Männer und Frauen in der Physik? In: Physik Journal 1 (2002), Heft 2, S. 22-27; Agnes Sandner: Eine Bilanz über die Situation der Physikerinnen im 20. Jahrhundert. In: Claudia Nowak, Ingrid Wilke, Ulrike Wollmer (Hg.): Kiss the Future! Physikerinnen stellen sich vor. Kirchlinteln 1999, S.267-274.

Studie „Gender and Technology in the Making" der britischer Techniksoziologinnen Cynthia Cockburn und Susan Ormrod.¹² Zu drei weiteren Sitzungen (Bau der Atombombe, Rüstungsforschung sowie Risikodynamik - die Challenger-Katastrophe) konnten wir Texte der Wissenschafts- und Technikforschung beisteuern, die in den Referaten und anschließenden Diskussionen Berücksichtigung fanden.¹³ Bei zwei weiteren Sitzungen (Technikgeneseforschung und Raketenentwicklung) wurden Genderaspekte explizit im Seminar diskutiert.

Einige Schwerpunkte konnten wir jedoch nicht um genderrelevante Forschungsergebnisse bereichern. Zum Thema Elektronische Kriegsführung präsentierte eine Diplomandin Ergebnisse ihrer Forschungen zu Information Warfare. Zur Sitzung Optische Kommunikationstechnik konnten Petra Lucht und ich keine Texte beisteuern, die sich mit der Hardware-Seite der globalen Datennetze, den Glasfaserkabeln, auseinander setzen. Auch für den Bereich Laserforschung konnten wir keine Literatur angeben, die sich mit Laserentwicklung oder Marktentwicklung aus einer Genderperspektive beschäftigen.¹⁴ Allerdings hatte der Referent zum Thema „Frühe Laserentwicklung" die originelle Idee, die wenigen Frauen, die sich an der technologischen Entwicklung des Lasers von den Anfängen bis 1980 beteiligten, sprachlich sichtbar zu machen, indem er gemischt geschlechtliche Gruppen konsequent mit der weiblichen Form bezeichnete, um damit „hässliche sprachliche Krücken" zu vermeiden. Die Wirkung ist tatsächlich verblüffend, wenn er z. B. diskutiert, warum sich der Laser um 1960 entwickelte und nicht früher oder später: „Ein weiterer wesentlicher Grund für die Verzögerung war die Machtübergabe 1933 an die Nationalsozialisten. Hierdurch mussten viele jüdische Physikerinnen das Land verlassen und ihre Lehrstühle aufgeben. Dies betraf gut ein Viertel der deutschen Lehrstühle, besonders in der theoretischen Physik. Da die meisten Physikerinnen in die USA auswanderten, kam es hier im Gegenzug zu einem Aufschwung der theoretischen

---

12 Vgl. Cynthia Cockburn, Susan Ormrod: Gender and Technology in the Making. London u.a. 1993, Cynthia Cockburn, Susan Ormrod: Wie Geschlecht und Technologie in der sozialen Praxis gemacht werden. In: Irene Dölling, Beate Krais (Hg.): Ein alltägliches Spiel. Geschlechterkonstruktion in der sozialen Praxis. Frankfurt/M. 1997, S. 17-47.

13 Im Einzelnen waren dies folgende Texte: Margaret Rossiter: Women Scientists in America Vol. 2 (Kap. World War II: Opportunity lost?), Baltimore 1995; Hugh Gusterson: Becoming a Weapons Scientist. In. George E. Marcus (Ed.) Technoscientific Imagineries. Conversations, Profiles, and Memoirs. Chicago, London 1995, S. 255-274; Thomas F. Gieryn, Anne Figert: Ingredients for a Theory of Science in Society. In: S. Cozzens, T. F. Gieryn (Ed.): Theories of Science in Society. Bloomington 1990.

14 Ein ausführlicher Seminarplan findet sich im Internet unter < http://kogs-www.informatik.uni-hamburg.de/PROJECTS/censis/Seminar_sose01.html> (letzter Zugriff 20.12.2002).

Physik. (...) Ein letzter Punkt, der in geringem Maße Grund für die Verzögerung ist, ist die Tatsache, dass in den 30er Jahren die Forscherinnen noch mit dem Selbstverständnis geforscht haben, dass Forschung aus sich heraus gut sei. Dadurch kam es zu keiner Kooperation zwischen den Wissenschaftlerinnen, die die notwendigen quantenmechanischen Grundlagen entwickelt hatten und den Ingenieurinnen, die damals schon in der Lage gewesen wären, einen optischen Resonator zu fertigen."[15]

Darüber hinaus konnten Petra Lucht und ich anregen, dass das Seminar nicht nur für Studierende der Physik als Proseminar anerkannt wurde, sondern zugleich für Studierende der Sozial- und Wirtschaftsgeschichte als prüfungsrelevantes Mittelseminar offen stand.[16] Diese fachübergreifende Verankerung der Veranstaltung spielte eine wichtige Rolle bei der Durchführung des Seminars. Die Veranstaltung wurde von Hartwig Spitzer und mir unter zeitweiliger Mitarbeit von Günter Huber, Petra Lucht und Götz Neuneck in den Räumen der Physik durchgeführt. Das interdisziplinäre Seminar wurde von insgesamt 17 Studierenden belegt und wurde damit von unseren Kollegen aus der Physik als sehr erfolgreich eingeschätzt. Bereits in der Einführungssitzung, in der sich Leitende und Teilnehmende dem Plenum vorstellten, gaben alle Studierenden an, dass sie der interdisziplinäre Ansatz des Seminars besonders interessieren würde. Sieben Studierende kamen aus der Physik, sechs Studierende kamen aus den Sozialwissenschaften, drei weitere Teilnehmende studierten im Hauptfach Geschichte der Naturwissenschaften, ein Teilnehmer besuchte die Veranstaltung im Rahmen der Wissenschaftlichen Weiterbildung. Unter den 17 Studierenden befanden sich drei Frauen, die alle aus den Sozialwissenschaften kamen.

In einer abschließenden Feedbackrunde äußerten sich mehrere Studierende zu ihren im Seminar erfüllten Erwartungen und zu offen gebliebenen Wünschen. Sie berichteten von Anregungen, die sie selbst durch die Teilnahme erhalten hatten oder die sie für die Gestaltung eines zukünftigen interdisziplinären Seminars mit auf den Weg geben wollten. Aus den Antworten der Teilnehmenden möchte ich mehrere Aussagen herausgreifen, die exemplarisch den Gewinn des interdisziplinären Diskussionszusammenhangs aufzeigen, die jedoch auch deutlich machen, dass letztendlich die Ankündigung einer gleichberechtigten Thematisierung der technologischen und der techniksoziologischen Aspekte nicht statt gefunden hatte:

---

15 Michael Steder: Laserentwicklung von den Anfängen bis 1980. Unveröffentlichte Seminararbeit im Seminar Technologiedynamik. Universität Hamburg, Sommersemester 2001.

16 Eine Seminarankündigung findet sich im Kommentierten Vorlesungsverzeichnis des Fachbereichs Sozialwissenschaften unter < http://www.sozialwiss.uni-hamburg.de/Isw/kvv/mitgoet> (letzter Zugriff 20.12.2002).

„Ich habe neue Beiträge kennen gelernt, die Dimension der Geschlechterverhältnisse war ein spannender zusätzlicher Aspekt. Ich konnte mir vorher nicht vorstellen, was das sein soll. Unzureichend war, wie wir uns dem Thema genähert haben. (...) Ich würde so ein Seminar gerne noch einmal machen, aber mit anderen Rahmenbedingungen. Es sollte mehr Zeit für Diskussionen geben und der Anteil des Sozialen sollte größer sein, also beides sollte gleichberechtigt sein. Die sozialen Aspekte und Fragestellungen hatten im Seminar nämlich nicht den angekündigten Raum. (...) Ein Vorschlag, wie dies besser verwirklicht werden kann: Bereits für die Referate bilden sich interdisziplinäre Kleingruppen."[17]

Science Wars – Kontroverse zwischen Naturwissenschaften und Wissenschaftsforschung

Die Erfahrungen mit dem viersemestrigen Förderschwerpunkt „Frauen- und Geschlechterforschung zu Mathematik und Naturwissenschaften"[18] sowie der fachliche Austausch mit Kolleginnen und Kollegen im Rahmen des Symposiums „Frauenforschung und Frauenförderung in Naturwissenschaften, Informatik und Mathematik"[19] machten deutlich, dass eine stärkere strukturelle Anbindung der Gender Studies an die naturwissenschaftlichen Fachbereiche und eine Verankerung der Lehrveranstaltung im Curriculum der Naturwissenschaften dringend erforderlich sind. Die enge Kooperation mit Hochschulpolitikerinnen und engagierten Professorinnen und Professoren, die sich für die Einrichtung eines Studienganges Frauen- und Geschlechterstudien einsetzten, bot dafür den Erfolg versprechendsten Weg. Es gelang uns, die Kolleginnen und Kollegen mehrheitlich davon zu überzeugen, dass ein Fokus auf Frauen- und Geschlechterforschung in Naturwissenschaft und Technik das Profil des in Planung befindlichen Hamburger Studienganges Gender Studies entscheidend schärfen könnte. Für eine Professur am Fachbereich Mathematik mit dem Schwerpunkt Mathematik und Gender Studies wurden Gelder bewilligt. Die Finanzierung eines Projekts zur Curriculumentwicklung wurde in Aussicht gestellt, sofern dies eine Anbindung an einen naturwissenschaftlichen Fachbereich besitzen würde.[20] Meine Kollegin Dorit Heinsohn, von Haus aus Chemi-

---

17 Auszüge aus dem Feedback zum Seminar Technologiedynamik. Persönliche Mitschrift von Helene Götschel.
18 Vgl. Smilla Ebeling, Helene Götschel: Feministische Wissenschaftskritik. Hamburg 2000.
19 Vgl. Helene Götschel, Dorit Heinsohn (Hg.): Frauenforschung und Frauenförderung in Naturwissenschaft, Informatik und Mathematik. Dokumentation eines Symposiums an der Universität Hamburg. Hamburg 2000 (hg. v. d. Arbeitsstelle Frauenförderung der Universität Hamburg).
20 Das Projekt Degendering Science - Erweiterung des Wissenschaftsverständnisses und Curriculums der Naturwissenschaften wird gefördert mit Mitteln aus dem Hochschul-

kerin und Erziehungswissenschaftlerin, und ich, Physikerin und Sozialhistorikerin, konnten jedoch die Fachbereiche Physik, Chemie oder Mathematik nicht für dieses Vorhaben gewinnen. Allerdings wurden wir angeregt, unser Projekt am Institut für Didaktik der Mathematik, der Naturwissenschaften, der Technik und des Sachunterrichts, also am Fachbereich Erziehungswissenschaft anzusiedeln. Diese strukturelle Anbindung ermöglicht es uns, ein Curriculum an der Schnittstelle von Fachdidaktik, Fachwissenschaft und Gender Studies zu entwickeln, das es den Studierenden erlaubt, sich in interdisziplinären Lernsituationen mit naturwissenschaftlich-technischen Thematiken in ihrem gesellschaftlichen Kontext auseinander zu setzen.[21]

Das Seminar „Science Wars Kontroverse" ist eine Lehrveranstaltung im Rahmen des Projektes „Degendering Science – Erweiterung des Wissenschaftsverständnisses und Curriculums der Naturwissenschaften". Zu den zentralen Aufgaben des Projektes Degendering Science gehört es, Curriculummodule zu „Gender Studies und Naturwissenschaften" zu entwickeln und zu erproben. Die Lehrveranstaltungen sind dabei zugeschnitten auf Lehramtsstudierende der Chemie, Physik und weiterer Fächer, die sich im Rahmen ihres erziehungswissenschaftlichen Studiums am Institut für Didaktik der Mathematik, der Naturwissenschaften, der Technik und des Sachunterrichts mit dem Thema „Gender Studies und Naturwissenschaften" auseinander setzen und auf Diplomstudierende naturwissenschaftlicher Disziplinen, die den an der Universität Hamburg neu eingerichteten Teilstudiengang Gender Studies als Wahlfach bzw. Nebenfach wählen. Diese Kombinationsmöglichkeit von Physik mit Gender Studies ist bislang einzigartig in Deutschland. Doch nicht nur naturwissenschaftliche Studiengänge sollen im Projekt Degendering Science um Ergebnisse der Gender Studies erweitert werden. Im Sinne eines wechselseitigen Verhältnisses, einer „two-way-street"-Strategie[22], setzen meine Kollegin Dorit Heinsohn und ich uns dafür ein, dass sich der Teilstudiengang Gender Studies seinerseits verstärkt der Analyse naturwissenschaftlichen Wissens und technologischer Entwicklungen öffnet und den Dialog mit den Disziplinen der Natur- und Technikwissenschaften führt. Wir konnten erreichen, dass das Thema „Gender Studies und Naturwissenschaften" als Grundlagenfach „Technoscience" im Teilstudiengang Gender Studies eine breite interdisziplinäre Plattform erhält.

Wissenschaftsprogramm Chancengleichheit für Frauen in Forschung und Lehre der Bund-Länderkommission für Bildungsplanung und Bildungsforschung und des Bundesministeriums für Bildung und Forschung. Seine Laufzeit beträgt Januar 2002 bis Dezember 2005.

21   Für eine ausführlichere Beschreibung des Projektes Degendering Science siehe die Website des Projektes http://www.erzwiss.uni-hamburg.de/degendering_science/ (letzter Zugriff 20.12.2002) sowie den Beitrag von Dorit Heinsohn in diesem Band.

22   Vgl. Anne Fausto-Sterling: Building a two-way street: The case of feminism and science. National Women's Studies Association Journal, 4(1992), Heft 3, S. 336-349.

Die Curriculummodule von Degendering Science sind zentraler Bestandteil dieses Schwerpunktes.[23]

Im Seminar „Science Wars Kontroverse" ging es, ebenso wie in den beiden bereits vorgestellten Seminaren, zentral darum, Naturwissenschaft und Technik auf eine „andere Weise" und aus einer Genderperspektive in den Blick zu nehmen. Im Mittelpunkt des Seminars stand die Auseinandersetzung darüber, ob die Kontextualisierung von naturwissenschaftlichem Wissen, die Erforschung und Analyse der Naturwissenschaften mit Fragestellungen und Methoden der Wissenschaftsgeschichte, Wissenschaftstheorie und Wissenschaftsforschung (Soziologie) eine spannende und hilfreiche Erweiterung der Naturwissenschaften darstelle, oder ob diese Kontextualisierung eine unangemessene Verwässerung oder sogar ein den Erkenntnisfortschritt konterkarierender Angriff auf naturwissenschaftliches Wissen bedeute. Als Einführung in die Thematik beschäftigten sich die Teilnehmenden mit verschiedenen Textausschnitten, welche unterschiedlichste in dieser Kontroverse vertretene Positionen repräsentierten. Damit erhielten sie nicht nur einen ersten Einblick in den Gegenstand des Seminars, sondern ebenso in die Vielfalt der im „Krieg der Wissenschaften" eingenommene Positionen. Anschließend wurde in mehreren Sitzungen Grundlagenwissen zu Wissenschaftsforschung (Science Studies), Feminist Science Studies und Gender Studies vermittelt, welches im Gegensatz zu Grundlagenwissen aus dem Bereich der Naturwissenschaften bei den Teilnehmenden nicht als bekannt vorausgesetzt werden konnte. Schwerpunkt des Seminars bildeten unter dem Stichwort „Höhepunkte der Science Wars" Interpretation und Diskussion zentraler Texte der Befürworter und Gegner dieser Kontroverse. Wir beschäftigten uns in Auszügen mit „Higher Superstition: The Academic Left and Its Quarrels with Science" von Paul R. Gross und Norman Levitt sowie „Eleganter Unsinn. Wie Denker der Postmoderne die Wissenschaft missbrauchen" von Alan Sokal und Jean Bricmont, darunter insbesondere mit Sokals provokantem Artikel „Die Grenzen überschreiten. Auf dem Weg zu einer transformativen Hermeneutik der Quantengravitation". Ebenso erarbeiteten sich die Teilnehmenden Kritiken und Verteidigungen der Texte von Gross, Levitt und Sokal anhand ausgewählter Artikel von Roger Hart, Ian Hacking, Dorothy Nelkin, Klaus Taschwer, Steven Weinberg und zahlreicher weiterer engagierter Vertreterinnen und Vertreter der einen oder anderen Richtung. Dabei kamen im Seminar vor allem Methoden zum Einsatz, die es den Studierenden ermöglichten, sich das Wissen in Partnerarbeit, Kleingruppendiskussion, Rollenspiel und ähnlichem eigenständig zu erarbeiten. Abschließend werden unter dem Motto „Jenseits der Science Wars" neuere Veröffentlichungen vorgestellt, in

---

23 Für Informationen zum Teilstudiengang Gender Studies siehe
http://www.frauenforschung-hamburg.de/genderstudies/wise2002-03-gender-und-queer-studies.pdf (letzter Zugriff 20.12.2002).

denen der „Krieg zwischen den Wissenschaften" als strategische Polemik entlarvt und neue Ansätze eines fruchtbaren Dialoges zwischen den Wissenschaftsdisziplinen vorgestellt werden.[24]

Es ist geplant, diese Veranstaltung und alle weiteren Veranstaltungen im Rahmen des Projektes Degendering Science zu evaluieren und die Ergebnisse einer interessierten Öffentlichkeit zugänglich zu machen. Ein Feedback der Teilnehmenden des Seminars „Science Wars Kontroverse" wird Ende des Wintersemesters erhoben. Doch schon jetzt lässt sich festhalten, dass der Kurs von den Studierenden der Universität Hamburg sehr gut angenommen wurde. Mit 37 Teilnehmenden ist das Proseminar „Science Wars Kontroverse" die bislang bestbesuchte Veranstaltung zum Thema Gender Studies und Naturwissenschaften. 26 von ihnen befinden sich im Grundstudium und gehören damit zur Zielgruppe der Veranstaltung, elf der Teilnehmenden befinden sich dagegen im Hauptstudium und nehmen aus Interesse am Thema am Proseminar teil. Der größte Teil der Studierenden (26) bereitet sich auf ein Staatsexamen vor, mehrheitlich in einem oder zwei der (Schul-)Fächer Biologie, Chemie, Erdkunde, Informatik, Mathematik, Physik und Technik, aber auch die (Schul-)Fächer Deutsch, Englisch, Französisch, Geschichte, Philosophie und Religion sind vertreten. Elf Teilnehmerinnen und Teilnehmer absolvieren ein Diplom- bzw. Magisterstudium in den Fächern Erziehungswissenschaft, Journalistik, Politikwissenschaft, Psychologie oder Soziologie, fünf von ihnen in Kombination mit dem neuen Teilstudiengang Gender Studies. Während Letztere sich im Seminar vor allem mit postmodernen technikkritischen Positionen auseinander setzen wollen, erhoffen sich die angehenden Lehrerinnen und Lehrer, insbesondere dann, wenn sie ein naturwissenschaftliches und ein nichtnaturwissenschaftliches Unterrichtsfach studieren, dass die in ihrem Studium bislang unvermittelt nebeneinander stehenden Disziplinen im Seminar „Science Wars Kontorverse" miteinander in Verbindung gebracht werden.[25]

Fazit

An der Universität Hamburg werden seit mehr als fünf Jahren von mir und mehreren Kolleginnen Lehrveranstaltungen aus dem Themenfeld Gender Studies und Naturwissenschaften durchgeführt. Aus einer Vielzahl von Veranstaltungen wählte ich exemplarisch drei Seminare aus, in denen unter verschiedenen institutionellen Bedingungen und mit unterschiedlichen Zielgruppen zum Thema Gender Studies und physikalische Naturwissenschaften gearbeitet wurde. Am

---

24 Ein Seminarplan findet sich auf der Website des Projektes Degendering Science http://www.erzwiss.uni-hamburg.de/degendering_science/ (letzter Zugriff 20.12.2002) unter der Rubrik „Lehrveranstaltungen".
25 Angaben der Teilnehmenden zu Beginn des Seminars Science Wars Kontorverse. Persönliche Mitschrift von Helene Götschel.

Fachbereich Physik fand das Lektüreseminar „Physik im Kontext" statt; die Lehrveranstaltung „Technologiedynamik" wurde um Genderaspekte erweitert und für Studierende der Physik und der Sozialwissenschaften angeboten; das Seminar „Science Wars Kontroverse" richtet sich insbesondere an Lehramtstudierende der Naturwissenschaften und Studierende der Gender Studies.

Auffällig ist bei einem Vergleich der drei Lehrveranstaltungen, dass Gender Studies nicht im Titel der Seminare, sondern im „Kleingedruckten", z. B. dem Untertitel oder den Seminarbeschreibungen im Kommentierten Vorlesungsverzeichnis, zu finden ist. Dies hat zunächst inhaltliche Gründe. In den physikalischen Naturwissenschaften ist m. E. eine Thematisierung der Genderfrage ohne eine Erweiterung des Wissenschaftsverständnisses nicht möglich. Geschlecht ist, anders als in Biologie und Medizin, kein Forschungsobjekt dieser Disziplinen, die Methoden der Gender Studies entsprechen nicht dem methodischen Vorgehen in den Fachwissenschaften, auf einer epistemologischen Ebene erhält das physikalische Wissen seinen Wert als objektives Wissen gerade dadurch, dass es seinen historischen und sozialen Entstehungskontext abstreift und zum unabhängigen, universell gültigen Wissen wird. Mit den Akteurinnen und Akteuren der physikalischen Forschung sowie mit deren Institutionen beschäftigen sich dagegen Wissenschaftsgeschichte und Soziologie. All diese Denktraditionen gilt es zu hinterfragen, damit Genderstudien in den physikalischen Wissenschaften sinnvoll durchgeführt werden können. Dass Gender Studies nicht im Seminartitel auftaucht, kann zweitens als eine politische Strategie verstanden werden, in das Forschungsfeld der Gender Studies nicht als ein von Außen aufgesetztes „Anderes" einzuführen, sondern dies als eine zum eigenen Fach gehörende Erweiterung und Vertiefung der Fragestellung zu begreifen. Wie es in der Praxis konkreter Lehrveranstaltung möglich sein kann, die beiden Wissenschaftsfelder Natur- und Technikwissenschaften auf der einen Seite und Frauen- und Geschlechterforschung auf der anderen Seite kreativ miteinander ins Gespräch zu bringen, dafür sollten die aufgeführten Beispiele einige Anregungen geben.

Ingrid Wetzel
Teaching Computer Skills: A Gendered Approach

Abstract

Participating in the Internet age requires skills in computer usage. Accordingly, a high importance has to be assigned to pedagogical efforts in computer-related education. However, acquiring computer skills seems to deviate from traditional forms of learning. Knowledge in this area is aging rapidly and necessarily deals with uncertainty. Required new information is not available in books, but acquired by trial-and-error at the computer, by gathering scattered pieces of information from magazines or the net itself, and by communication in interested (virtual or not) communities. These factors point to the need of alternative teaching and learning principles. This is particularly important for women, who tend not to be attracted by experimental modes of proceeding at the technical level. Thus, suitable forms of learning, based on careful consideration of gender-related differences, need to be integrated into what amounts to a women's learning culture. It should provide a setting where an experience at the computer is intentionally interwoven with reflection about the experience. It should nurture communication by those whose personal interests may not be drawn to these kinds of skills. It needs to address subjects at the meta-level, such as methods for acquiring new skills or how to find the information needed. And it needs to train basic, rarely taught skills. Based primarily on the author's experience at *ifu*, concrete examples about how to translate these requirements into action are given.

1. Introduction

In this chapter, I will reflect on my experiences in teaching advanced computer skills to women in the light of feminist theories. In doing so, I will primarily draw on my experiences at *ifu* (International Women's University, here: *ifu*'s Project Area INFORMATION), where I helped design the Internet training at basic and advanced levels offered to all participants and taught a weeklong course on *Overcoming Barriers to Mastering Technology*. This work, in turn, was based on a long standing interest in pedagogical questions in the area of computing and on previous teaching experience, for example in the course *admina*, designed by me to help women students in informatics acquire skills in (computer) system administration. As I live in Germany, the reflection depicts the situation in this country in particular.

In the last years, the explosive growth in Internet usage, advancing web-technologies and new digital media have accelerated profound societal changes leading from the industrial to the information society. Future transformations are forecasted to be even more radical than in the past. Educational systems are challenged to respond to these developments as quickly as possible. Accordingly, there are projects, research and educational debates in different countries that demand large-scale education initiatives (see Westram, 2000; Balka & Smith, 2000; Hapnes & Rasmussen, 2000, Schründer-Lenzen, 1995). Most authors agree that schools and universities have the responsibility to prepare young people for the rapidly changing realities (at least in industrialized countries). Although some argue that it was never the school's task to prepare for occupational competence but to give a solid foundation in the sense of a broad general education,[1] there now seems to be agreement to respond to an environment that is more and more influenced by new media and affects children's habits and learning behavior from a very early age on. Increased ability in perception and quickness in handling with regard to smart devices, possible stimulus overflow and a tendency for young people to outdistance older ones in their abilities to deal with technology need consideration as well as the potentials new media offer for education in general.

Thus, there is a growing conviction that unless the profound changes, which so deeply affect public and private life, are quickly mirrored in new educational goals and pedagogical concepts and realities, the future prospects and ability of whole societies as well as individuals to compete will be jeopardized. Significantly varying prognoses are made for different countries. Westram (2000: 57) refers to estimations for Germany from 1996 stating that by the year 2000 only a third of all employees would be able to do their jobs without computer skills. Leaving the educational issues to be dealt with in private efforts will likely favor those people whose ability, interest, background, potentials and economic interests draw them towards the new computer culture. Authors warn us of a digital divide (Spender, 1995), a two-class society, or an increased 'knowledge gap' intensified by the new media (Westram, 2000: 48).

As research shows, the diversification in what is called computer literacy or media competence starts at early ages. Especially significant and widely observed are differences between male and female students, observations I am especially concerned with in this chapter. Furthermore, with a special focus on the technical aspects of media competence as taken here, we are dealing with exactly that aspect of education and career choice which has constantly been avoided by a majority of women over the past decades and in almost all countries.

In keeping with the broad agreement on media competence as a basic pedagogical goal and as a central task and challenge for the educational system

---

1   See, for example Chegwidden (2000) or Schründer-Lenzen (1998).

on all levels (Forum Info 2000 1996, cited in Westram, 2000: 44), I want to draw attention to new didactical concepts for conveying technical skills in computer usage. And I claim that these concepts need to play an important role in any critical plans for pedagogical changes.

In what follows, I will argue that skills in computer usage are an important aspect of the required overall media competence and analyze factors that make it difficult for women to achieve these skills and to participate in computing education in general. Then I will propose possible contents and educational objectives, taking into account the special character of the skills and knowledge to be taught, and relating these characteristics to reported preferences and attitudes of women. On this basis, I will develop didactical concepts for a women's learning culture which, I believe, is better suited to both the specific skills and knowledge required and women's preferences.

By way of illustration, the course on *Overcoming Barriers to Mastering Technology*, held in the cross-cultural setting of *ifu*, will be presented.

2. Skills in Computer Usage as an Important Part of Media Competence

Definitions of media competence are manifold as they are based on the somewhat vague term *multi-media*. Multi-media comprises the integrative and interactive usage of different media, and the computer-based provision and management of various information provided by different media, or it is used as a generic term for new products or services from the computer, telecommunication or media fields. Hence, the term comprises information and communication technologies which emphasize the more technical aspects.

As discussed in Germany, media competence or media pedagogy (Westram, 2000: 41 and 1996: Forum Info 2000) involves the ability to

- achieve knowledge about and access to different media (hardware and software) paired with the ability to use them and to constantly update these skills;
- select and evaluate media-conveyed information by relating it to its social and economic conditions of production;
- actively, self-confidently and responsibly participate in the media-dominated society, including shaping and designing one's own contributions.

Considering these goals, the Internet seems to play a central role in media education with its various opportunities to be integrated into classes and curricula.

However, the fact that the Internet needs a computer as a prerequisite raises questions. Westram (2000) reports on a perceptible shift of emphasis in the definition of media competence over the past years towards active participation in using computers, software and communication technology. She raises the question of how the new medium Internet will be related to computer science – whether the technical device computer will dominate the medium Internet, and whether this may lead to a repeated formation of conditions known from computer science, such as the dominance of male students and developers in this field (see Woodbury, this volume). Although some of the developments seem very promising in that there is an increase in women's access and usage of the Internet reported, differences in the kind of information accessed and the kind of activities the Internet is used for remain significant.

Some authors warn that we must not underestimate the technical complexity related both to learning how to work with the Internet and also to providing the needed infrastructure. They point out that educationalists faced with technical media often reject suggestions for change or react in a helpless manner (Westram, 2000). Glotz puts it this way: "The resistance of the pedagogical province to the usage of modern media is strong and has deep roots" (quoted in Westram, p. 55, my translation). One result is that many children and young people acquire computer competence on their own, a situation that is partially responsible for the increased 'digital divide' mentioned above.[2]

Thus, if we consider skills in computer usage an important part of media competence, new didactic concepts are required in order to avoid a repetition of imbalance in educational and occupational opportunities for women and men. These concepts include consideration of the reasons why in the past work with computers has been avoided by certain groups of people, especially women.

3. Women and Computer Usage

Although the social and economical demand for media/computer competence is great, women are still highly underrepresented regarding the development as well as the usage of computer artifacts or Internet applications. There are many reasons for this phenomenon, and investigations show a diversity of different viewpoints. While gender differences seem to apply in different ways to Internet usage on the one hand and higher education for information technology (IT)

---

2   "Many girls are not receiving the same kinds of opportunities to become technologically skilled as boys are. ... Boys develop alliances with computers largely due to their extensive out-of-school computer experiences. ... These factors relating to amount of experience with computers have a significant effect on students' attitudes and perceptions" (Ching et al, 1998 quoted in Westram, 2000: 34).

professionals on the other hand, significant gender variance is reported in both areas and may have similar roots.

Some recent figures illustrate the divide. For example, in Germany the number of women computer science students has even decreased over the years, from 20% in 1983 to about 10% in 1997. Between 1991 and 1994 the percentage was only about 6 % (Schinzel, 1997).[3] Significant differences in computer or Internet usage and educational efforts exist among countries, although the reasons are still not too well investigated.[4] Here, Europe seems to be less gender-balanced than, for example, the U.S. (Suriya; Panteli, 2000). Too few researchers seem to address the situation in third world countries where potentials in gaining education or participation in virtual communities could especially contribute to women's quality of life.

On the basis of the research results available and my own experience as a software engineer in research, business, and university education, I want to group possible reasons for this gender bias into six major areas. The first three address gender differences in general orientation, self-concept, and self-confidence, while the other three aspects refer to the social, gendered world of IT: the general environment, artifacts and their usage, and education.

Gender Differences in Orientation

Research suggests that many women have a general *multi-perspectivity* including a broad distribution of intellectual interests among different fields (Schründer-Lenzen, 1995). This relates to research results showing that women in technical fields often pass up sense-making relations while moving towards the use-context (Schade, 1998), which in turn matches with higher participation of women in application-oriented fields of informatics. This in turn relates to investigations made by Erb (1996), who points out that the traditional (mainstream) computer science still disregards these user-oriented and interdisciplinary topics.

Often women do not focus on the technology itself but on using it within a general interest in relationships (Durndell & Thomason, 1997). This is confirmed by recent findings of Peiris et al (2000), who state that out of all areas

---

3   I suggest that the decrease could also be related to a change in programming technology, from a focus on (abstract) programming concepts to an emphasis on (technically) complex programming environments.

4   Westram (2000: 62) gives the following examples: whereas investments in new technologies at schools until 2005 are to be around 21 Billion Deutsch Marks in Japan, Germany invested only 160 Million Deutsch Marks in the last years. In Europe, Scandinavian countries show a high support of school initiatives, see, e.g Hapnes & Rasmussen, 2000 and Finnish Ministry, 2001.

of computing, the Internet, as a communication tool, has been singled out as the most 'women friendly' and that women are changing the way the Internet works in that they are more task-oriented and frequently use its networking facilities to contact friends. This is perceivable in characteristic online styles, emphasizing expressions of appreciation and community-building, in order to make participants feel accepted and welcome, while men often use putdowns, strong assertions, lengthy postings, self-promotion and sarcasm.

The task-orientation of women is further related to more pragmatic ways of using computers. Instead of playing games and downloading or installing software, many women prefer using e-mail and the Internet as a source of information in concrete professional contexts (Turkle, 1995). However, women's lack of passionate attitudes towards hardware and software themselves is seen as a possible source of their lack of experience with computers (Symonds, 2000).

Gender Differences in Self-Concept

Personal interest and ability are viewed as the most important factors influencing career choices for men and women (Chan et al, 2000). As career choices are suggested to be linked to the interests of children aged 11 through 14, the influence of peer groups is strong. While peer-group pressure is seen to draw girls away from computers, the opposite applies to boys (Symonds, 2000). Computer competence is seen as a stabilizing factor for masculinity (Schründer-Lenzen, 1995), whereas interest (not competence) in computers may be regarded as unfeminine.

In more detail, women's relationship-culture is based on an interaction process that is sensitive and experiential. Since computers, being technical objects with immaterial action, lack the emotional element that constitute women's sensitivity to something or someone else, computers have critical limitations in satisfying women's 'relationing.' In contrast to this, computers as 'inferior' objects may provide additional practice of dominant behavior (Dorer, 1997), which may help explain male interest as a permanent phenomenon beyond profession-related applications (Schründer-Lenzen, 1995: 133). This may lead to the kind of technical competence that "has come to constitute an integral part of masculine gender identity" (Grint & Gill, in Tuuva, 2000).

Gender Differences in Self-Confidenc

In several investigations a gender difference in self-confidence towards the use of computer technology is reported (Symonds, 2000; Schründer-Lenzen, 1995; Durndess & Thomason, 1997). Even if similar efficiency is achieved, women tend to feel less confident about their abilities than comparable male participants, as reported by McDonald & Spencer (2000), who examined gender differences in navigational efficiency, navigational strategy, and user confidence in web navigation. Differences in self-representation are also related to differences in self-confidence and self-esteem (Schründer-Lenzen, 1995: 137). Again, 'computer language' serves the purpose of obtaining attention and allows for masculine identification and evidence of belonging to a male subculture.

Male-Dominated Environment

Owing to the low percentage of female computing graduates and even fewer women working in this domain, only a small proportion of software designers are women. Miliszewska & Horwood (2000: 51) speak of a "macho-image" presenting an obvious problem in attracting women to computer science in tertiary education. According to Dole Spender (1995) boys and men have access to more computers, spend more or their time with them, and are the dominating presence in cyberspace.

As with technology in general, computer technology in particular is seen as being rooted in values that are considered masculine, such as objectivity, progress, rationality and competition[5], which again can be traced to the intertwining of technology and masculinity or to technology being understood as an integral part of masculine gender identity.

A by-product of this bias is that women pursuing an IT career usually find themselves working in male environments (see the chapters by Bratteteig and by Woodbury in this volume). "That some women feel uncomfortable in mostly male environments is not primarily a result of men trying to make them feel unwelcome but of dynamics resulting directly from the male majority and societal sex-based differences in behavior. While perhaps it is comforting to know that no conspiracy exists against women computer scientists, it also means that the problem is harder to fight"[6].

Kuosa (2000) observes gender-neutral ways of talking among computing professionals and gender issues being efficiently hidden in working organizations or not perceived to matter in everyday working practices. She then asks: "Why is it so important to study gender when professionals do not give it any importance? Bjorkman et al give an answer: 'By creating a community of genderless 'computing people', where the function of gender and power is hidden, and indeed regarded as irrelevant, women are effectively excluded'.

---

5 Tuuva, 2000
6 Spertus, 1991: 87

This means that women are allowed to enter the profession as long as they behave like men...'"[7].

However, actual cases of gender discrimination and perceived preferences for male IT professionals are also reported as excluding factors for women[8]. Further factors are seen in the lack of role models and the rapid development in IT the latter of which seems to intensify general difficulties for many women involving the balancing of career and family responsibilities.

Computer Artifacts and Dealing with Them

Male domination in the IT sector has its effects on computer artifacts. As most software developers are male, even when user-centered approaches are undertaken, applications are usually developed from a male perspective resulting in interfaces that the developers themselves like[9]. In order to be inventive they often set involvement of users aside, and design for masculine, young, and technologically highly competent users[10]. According to Peiris et al (2000: 35) "this leads to software which requires the user to 'play' in order to determine functionality, and systems with difficult to understand commands, icons and menu names. This enforces the view that computers are male things. Few girls wish to study such a subject, and so the cycle continues".

This "cycle of imbalance"[11] may also explain the often stated observation that new technology is learned through trial and error. "This is considered the normal practice everywhere in computing culture, for example, in computing professionals' education"[12]. Many professionals recommend it for learning to use the Internet. If this attitude seems to be a requirement in learning to deal with computer artifacts, careful consideration has to be given to the different learning behavior of women students observed by many authors. Dorer (1997, (translated) in Westram, 2000: 39) remarks: "Men are dealing with this technology in a considerably more intensive playing manner than women." And Augstein states (translated): "Whereas men are more likely to 'hammer away at the keyboard' in a spontaneous and playful manner, women prefer to mentally anticipate their doing and to understand the meaning of their activity. Thereby their learning rhythm is different from that of men" (1996: 13). Augstein concludes that this may explain why women often feel left behind in mixed-gender courses.

---

7   Kuosa, 2000: 122
8   Symonds, 2000
9   Peiris et al, 2000; Dorer, 1997
10 Rommes, 2000
11 Peiris et al, 2000
12 Ylijoki, 1998: 170-175

Education

Statistics showing that the gender bias in choosing an IT education at the tertiary level still remains or increases lead to a discussion of coeducation at schools. The fact is that with coeducation girls demonstrate stronger gender-conforming tendencies in their choice of main subjects and in the development of interest profiles, and also the grading exhibits gender-conformity[13]. The subject of single gender education is very controversial (although a significantly higher percentage of women computer scientists come from former girls' schools). Critics discuss the advantages and disadvantages of suspending coeducation in natural and computer science with caution since consequences may have broad implications[14].

Another recently posed question rapidly gaining importance is to what extent computer-mediated and distance learning and the use of the Internet affects the learning situation of girls and women[15]. Here, Chegwidden (2000) offers a valuable statement: "Interesting pedagogy with computer applications is possible, but only if teachers and students do not have to think about the computer very much."

4. Towards a Women's Learning Culture around Computer Skills

I consider it a priority to shape new educational programs in order to invite and qualify young people in computer skills (as an important part of their overall media competence) – especially those with less interest and experience in technology, whether these are women or men, from whatever social status, and from whatever ethnic or national backgrounds.[16] However, as pointed out above, there are good reasons to focus especially on supporting women students.

Characteristics of Skills in Computer Usage

To find appropriate ways of teaching, we have to determine the content of knowledge and skills we want to convey and to reflect on the special character of this knowledge and skills.

Possible topics regarding the technical aspect of media competence are broad in range and will, therefore, be grouped in three areas (although the separation

---

13 Schründer-Lenzen, 1995
14 For details see Schründer-Lenzen (1995: 38-43)
15 Leong & Al-Hawamdeh, 1999
16 Apart from this goal another major professional and personal interest lies in shaping new methods for information systems development emphasizing the intertwining of social and technical aspects, (possibly attracting 'people-oriented' students to the design of computer artifacts and) hopefully leading to (more) adequate organizational solutions, see Krabbel, Wetzel & Ratuski 1996, Wetzel & Klischewski 2002.

between these categories is not clear-cut): *basic skills, background knowledge and meta-knowledge*. Basic skills address the concrete aspects of using software tools and the Internet or comprise the concrete steps in selecting and running computers, periphery and smart devices. Background knowledge provides context knowledge for basic skills and error handling and prepares for dealing with complexity, whereas meta-knowledge addresses strategies and structures to support constant learning based on reflection and awareness of gender-related differences.

These given areas exhibit the following characteristics:

- *Doing*. First of all, computer usage-related knowledge is highly experience-based; these skills can only be acquired by doing. This 'doing' usually takes place in a trial-and-error manner. To succeed with this attitude means investing time, and in order to memorize the many steps necessary (including back-tracking) it requires a lot of repetition – or in case of failure, a lot of patience and motivation.

- *Updating*. Given the pace of innovation, it is not surprising that knowledge/skills rapidly become out-dated. Even though former/basic knowledge often relates to upcoming technology, users need time to discover the changes or often to learn completely new ways of proceeding with the rapidly developing technology.

- *Dealing with uncertain, incomplete and scattered information.* Knowledge is often incomplete and uncertain since only a slice of the whole picture is available. It is offered in scattered details, i.e. teaching material for brand-new technology is often not available in textbooks (they will be published one or two years later when the technology is known and widely applied), where it is usually presented in a structured way and from a certain abstract point of view. Instead, information has to be gathered from computer magazines and technical journals or from news groups. Furthermore, information is linked to economic contexts or other interests e.g. one needs to know which company offers which kind of tools, whether a firm may prevail or succeed, how to receive test versions, how to distinguish reliable information from mere advertisement etc. Thus, the learning situation seems to lack a 'protected' ground of manageable size.

Computer Usage Skills and Preferences of Women

It is very interesting to relate these specifics to women's preferences as we do in the following.

- *Doing*. As pointed out above, women seem to prefer to understand action before doing it. This clashes badly with the necessary trial and error approach or game-playing attitude. Furthermore, in relation to the already low self-confidence, understanding before doing can be seen as a strategy to avoid mistakes. In contrast, making mistakes is central to the trial and error approach. Additionally, self-confidence may allow male users to recognize badly styled user-interfaces or networking environments as potential sources of failures, leading to a 'healthy' assessment of and a distance to 'man-made' systems, whereas a lack of understanding the system may mislead insecure users. This means that women more often and in more cases seek the causes of breakdowns in their own (imagined) mistakes rather than in badly designed systems. Furthermore, the required trial-and-error attitude does not agree with the usual task-orientation of women, which is application-oriented, whereas the 'doing' requires interest in the computer as an end in itself (Durndell & Thomason, 1997: 8). Also, due to the time computer work requires, it stands against a clear separation of leisure and working time, which women seem to make.

- *Updating.* Similarly, the rapid outdating of skills and knowledge requires a constant interest and much time in order to keep up with changes or innovations. For a single person the ever-increasing variety of software, systems, devices etc. can be overwhelming; intense identification, exchange and competition in a clearly technically focused peer-group is required. This again clashes with the application-oriented and much broader interests reported for women and in some cases even causes fear in some regarding a successful re-entry into professional life after maternal leave.

- *Dealing with uncertain, incomplete and scattered information* throughout computer usage collides with the reported general lack of self-confidence of many women. The never-ending intertwining of different factors may cause a feeling of helplessness in contrast to the wish to master a clearly delimited subject. Scattered details clash once more with a preferredly structured and abstract way of understanding and an interest in concrete achievements. The 'places' where information is offered (and the kind of information itself) seem to be highly male-oriented. Computer magazines, computer shops, news groups, markets are still male environments sometimes exhibiting a 'macho-image' as are well documented male-oriented styles in communication.

Concepts for a Women's Learning Culture

Considering the mismatch between characteristic skills in computer usage and preferences of women, the reports of low female participation should come as no surprise. However, new statistics show that women realize the possible options of the Internet and computer usage to mediate their own contents, participate in social life and at their work places and are catching up in this area[17]. From experiences at *ifu* and other university courses I can only underline this emerging interest of women in at least Internet-related technical skills. These students are explicitly asking for different didactical concepts. Hence, more adequate ways of teaching, especially for women, need to be found in the future.

Westram (2000) argues for new didactic concepts that consider gender specific differences, try to meet women's interests half way, provide female role models and motivate and enable self-learning by initiating cooperation and initiative. However, Balka[18] reports a "near absence" of alternative approaches to computer science education. Following Westram and on the basis of several courses I have held, I would add that new didactic concepts have to correspond with the special character of the skills that are to be conveyed. Moreover, concepts should take advantage of the strengths of female attitudes, such as communication, searching for mutual help, openness to share, teamwork and reflection.

Hence, the women's learning culture proposed here is to comprise all the factors necessary to achieve a learning process toward chosen goals, i.e. the definition of objectives and goals combined with appropriate didactical forms, a learning environment which nurtures interest and communication, and the preparation of teachers and lecturers.

In order to support women according to gender-specific differences in acquiring skills in computer usage and to initiate reflection about these differences, the proposed courses are given for women only. They are prepared and held by a team of women (usually one lecturer together with advanced students). The chosen topics should include aspects in computer usage that are new or absent from usual curricula. The didactical concepts combine:

- Structured input of background, basic and meta-knowledge;
- Doing by performing concrete tasks at the computer usually new to the audience (through the provision of scripts to follow lessons or to answer questions);

---

17   see Fittkau & Maaß, 2001, for details
18   Balka & Smith, 2000: 3

Reflection by communicating about performing of the tasks and the overall attitude in accumulating computer-related knowledge.

Thus, the women's learning culture becomes manifest both in the setting of the courses and the chosen content. The atmosphere of mutual action, reflection and communication helps students to enjoy technical subjects and allows for waking their interest in them. It enables the sharing of reflection, frustration, fears or anguish at a level of depth and honesty which can be seen as a strength of women. It opens a terrain women are often feeling comfortable with or which they are searching for (this is in keeping with the discussion on the potential of knowledge projects by Floyd in this volume). Moreover, being centered around new contents or subjects missing from usual curricula and women-oriented examples, the courses seem to be very attractive to women. As a result, the courses held so far all closed with the wish for more permanent courses.[19] Permanent courses with a constant obligation to attend as well as the occupation in a settled environment would help to give these subjects the right place among other activities whereas otherwise, too often, they risk becoming less important in the complexity of other demands.

5. The Course Overcoming Barriers to Mastering Technology at ifu

Giving an example of the women's learning culture, I will briefly describe a course held at *ifu*. The course *Overcoming Barriers to Mastering Technology* was embedded in a series of courses devoted to technical subjects. The idea was to support the project work of *ifu* by continually providing basic and advanced technical training and to offer some additional courses for students with further interests. Owing to the very tight schedule during *ifu*, the course was held as a block on (only) four consecutive days. Over twenty *ifu* participants attended. They came from countries around the globe and different research areas. The instruction team consisted of five women students of computer science and a woman university lecturer in software engineering.

Four topics were chosen, each of which addressed basic skills in computer and Internet usage. Each day was devoted to one topic: mastering a new tool, the structure of Internet pages, Internet transactions, download from the Web.

Each topic was approached following the same pattern:

1. Introduction to the subject;
2. work at the computer;
3. group discussions; and

---

19   A real achievement was one course that brought forth an ongoing initiative of women students at the Computer Science Department in Hamburg University, called *admina*, with self-organized tutorials over the past six years.

4. group presentations and summary in the plenum.
5. As an example, the first topic is presented in a bit more detail.

The introduction centered around different attitudes to tool usage: a general task-orientation and an approach of 'tool awareness.' While task orientation may result in impatience and anger if a tool does not support the task as smoothly as expected, tool awareness pursues tool 'understanding' (i.e. knowing about patterns and specifics of software tools, the comparison between the purpose of tools and one's own expectations, and the 'philosophy' of tools) and the necessary translation of the task at hand to the functionality offered.

Ten software tools were available during work at the computer, and each participant was asked to choose a tool with which she was not yet too familiar. The goal was to master a new tool by 'playing around' (given some guidance in the form of exploration tasks for those who wanted it while the team helped by answering individual questions).

The following group discussion and plenary presentation centered around discovering menu patterns across tools and reflection about (unfamiliar) ways to proceed.

Concerning the reflection about women-oriented aspects, it was totally amazing for me to recognize similar patterns in attitudes of women across the different cultures. For example, nearly all of the participants recognized themselves instantly as usually pursuing a task-orientation, a fact which was eye-opening for them (even after years of computer usage). The exploration of tools with 'tool awareness' and the surprise about how much could be achieved in a short time was new and helpful to many. Similarly, they welcomed the structured input for assessing websites; hesitation in performing order transactions or downloading seemed to be a wide-spread phenomenon. And the connection to respective background knowledge was considered very helpful.

Finally, a very brief evaluation of the course shows the following: As participants suggested, the course could certainly have been longer, especially the segment scheduled for work at the computer. Much content was covered in a very short time. Nevertheless, most participants were very committed and very grateful. The intertwining of input, doing and reflection created an atmosphere of excitement. All topics were of high interest. With more time, even more student initiative in preparing input and examples would have been highly welcomed from both sides – participants and instructors.

Hence, most of the participants would have liked to have such a course to accompany the whole *ifu* experience. More advanced subjects such as building active web pages were requested (and a further course was held). The atmosphere of interest, communication and exchange in addressing these technical objectives in computer usage was highly stimulating. Overall, the course experience was profoundly encouraging for us to pursue a combination of training for skills and reflection about women attitudes as a basis for a promising 'women's learning culture.'

Conclusion

In view of a growing impact of media, computers, the Internet and smart devices in social and professional life, women with their multi-perspectivity, relationship-oriented interest and emphasis on practical achievements have to devise their point of view, shape their contributions and find places of influence. Accordingly, the overall educational goal of a women's learning culture for acquiring computer skills is twofold. While conveying computer skills and lifting the background knowledge the aim is also to pave the ground for a fuller understanding of the situation of women in technical areas. This should help each woman to find her own individual position and choices and be more conscious about which ones to take. No one should be pushed towards technology. For those, who are attracted to further advances in computer usage, this approach opens options to proceed. But for those whose orientation is still mainly toward people and who have a broad rather than a specialized perspective, computer skills and knowledge may yet nurture self-esteem. This contributes to achieving more self-confidence, on the basis of which women will hopefully raise their voices and influence situations in which their broader application-oriented view is very much needed.

Acknowledgements

I owe many thanks to Christiane Floyd, local Dean of *ifu*'s Project Area INFORMATION, who encouraged me to participate in *ifu* and later initiated my writing and reflection about my experience and concepts, which again caused me to reflect on my own way through computer science as a woman. Thanks to the editors for thoughtful suggestions encouraging feedback, and to Gudrun Parsons for the final editing of this chapter.

I would further like to thank Anja Hennemuth, Antje Großmann, Dorina Gumm, Ulrike Najmi, Jutta Schenk, who helped me to prepare and conduct the *ifu* courses with great commitment, and to my friend and former colleague Anita Krabbel, with whom I share reflections on women's approaches to software developing projects and who thought up the name *admina* for the first women-only course I held.

Also thanks to the male colleagues in the department who took time to discuss their attitudes, to help prepare 'stable' environments for the courses, and to share insights, practical knowledge and many details with me, especially Wolf-Gideon Bleek, Michael König, Andreas Rudloff, Reinhard Zierke and Uwe Zimmer.

And last not least, thanks to the participants in the *ifu* course: Diana Andone, Irene Aterido, Lynda Awasum, Yolisa Faith Bomela, Evelyn Fogwe née Chibaka, Inge Gavat, Bokang Gwebu, Emebet Hassen, Ila Joshi, Roxanne Kavarana, Mildred Kiconco, Kerima Kostka, Faith Nebo Legoabe, Pretty Lilly Majola, Boryana Peevska, Zubeeda Banu Quraishy, Farzaneh Raji, Sara Sanchez Mera, Hanan Satti, Veronika Schulze, Juliane Schwarz, Dumanic Suhreta-Shura and Ciler Tüzüner, to whom I owe one of the most rewarding teaching experiences in my career.

References

Augstein, Rudolf (ed.) (1996): *Online – Offline. Hauptergebnisse Nutzertopologie*. Hamburg: Spiegel-Verlag.

Balka, Ellen & Smith, Richard (eds.) (2000). *Women, Work and Computerization – Charting a Course to the Future*. Proceedings of the IFIP TC9 WG9. 17th Int. Conference on Women, Work and Computerization. Boston, MA: Kluwer Academic Publishers.

Chan, Vania; Stafford, Katie; Klawe, Maria; Chen, Grace (2000). *Gender Differences in Vancouver Secondary Students*. In: Balka & Smith 2000, pp. 58-69.

Chegwidden, Paula (2000). *Feminist Pedagogy and the Lap Top Computer*. In: Balka & Smith 2000, pp. 292-299.

Dorer, Johanna (1997). Gendered Net: Ein Forschungsüberblick über den geschlechtsspezifischen Umgang mit neuen Kommunikationstechnologien. *Rundfunk und Fernsehen* 45 (1), pp. 19-29.

Durndell, A. & Thomson, K. (1997). *Gender and Computing: A Decade of Change?* Computers Education, vol. 28, no. 1, pp. 1-9.

Erb, Ulrike (1996). *Frauenperspektiven auf die Informatik: Informatikerinnen im Spannungsfeld zwischen Distanz und Nähe zur Technik*. Münster: Westfälisches Dampfboot.

Finnish Ministry of Education (2001). Source: http://www.minedu.fi/; accessed September 2001.

Fittkau & Maaß GmbH (eds.) (2001). *W3B-Profile – WWW-Benutzer Analyse, April/Mai 2001*. Source: http:// www.fittkaumaass.de; accessed September 2001.

Forum Info 2000 (eds.) (1996). *info 2000. Deutschlands Weg in die Informationsgesellschaft.* Berlin: Bundesministerium für Wirtschaft.

Hapnes, Tove & Rasmussen, Bente (2000). New Technology Increasing Old Inequality. In: Balka & Smith 2000, pp. 241-249.

Krabbel, Anita; Wetzel, Ingrid; Ratuski, Sabine (1996). Participation of Heterogeneous User Groups: Providing an Integrated Hospital Information System, In: Jeanette Blomberg; Finn Kensing; Elizabeth Dykstra-Erickson (eds.) *Proceedings of the Participatory Design Conference* (PDC96). Cambridge: MA, pp. 241-250.

Kuosa, Tarja (2000). *Masculine World Disguised as Gender Neutral.* In: Balka & Smith 2000, pp. 119-126.

Leong, Siew Chee & Al-Hawamdeh, Suliman (1999). Gender and Learning Attitudes in Using Web-based Science Lessons. In: *Information Research* 5 (1). Source: http://informationr.net/ir/5-1/paper66.html; accessed March 18, 2002.

McDonald, Sharon & Spencer, Linda (2000). *Gender Differences in Web Navigation.* In: Balka & Smith 2000, pp. 174-181.

Miliszewska, Iwona & Horwood, John (2000). *Women in Computer Science.* In: Balka & Smith 2000, pp. 50-57.

Peiris, D. Ramanee; Gregor, Peter & Indigo, V. (2000). *Women and Computing.* In: Balka & Smith 2000, pp. 34-41.

Rommes, Els (2000). *Gendered User-Representations.* In: Balka & Smith (2000), pp. 137-145.

Schade, Gabriele (1998). Geschlechtsspezifische Medienkompetenz. Ein Erfahrungsbericht der TU Ilmenau. In: Winker, G. & Oechtering, V. (eds.). *Computernetze – Frauenplätze. Frauen in der Informationsgesellschaft.* Opladen: Leske + Budrich, pp. 157-166.

Schinzel, Britta (1997). Why is Female Participation Decreasing in German Informatics? In: Grundy, F. & Oechtering, V. (eds). *Proceedings of the 6th International IFIP-Conference on Women, Work and Computerization.* Berlin, Heidelberg: Springer Lecture Notes in Computer Science, pp. 365-378.

Schründer-Lenzen, Agi (1995). *Weibliches Selbstkonzept und Computerkultur.* Weinheim: Deutscher Studien Verlag.

Spender, Dole (1995). *Nattering on the Net – Women, Power and Cyberspace.* Melbourne: Spinifex.

Spertus, Ellen (1991). *Why Are There So Few Female Computer Scientists?* Boston, MA: MIT Artificial Intelligence Laboratory Technical Report 1315.

Suriya, M. & Panteli, Androniki (2000). *The Globalization Of Gender In IT.* In: Balka & Smith (2000), pp. 42-49.

Symonds, Judith (2000). *Why I.T. Doesn't Appeal to Young Women.* In: Balka & Smith (2000), pp. 70-77.

Turkle, Sherry (1995). *Life on the Screen: Identity in the Age of the Internet.* New York: Simon & Schuster.

Tuuva, Sari (2000). *Local Interpretations of Information Technology.* In: Balka & Smith (2000), pp. 208-216.

Westram, Hiltrud (2000). *Internet in der Schule – Ein Medium für alle!* Opladen: Leske + Budrich.

Wetzel, Ingrid; Klischewski, Ralf (2002). Serviceflow beyond Workflow? Concepts and Architectures for Supporting Inter-Organizational Service Processes. To appear in: *Proceedings of the CAiSE '02* (Fourteenth International Conference on Advanced Information Systems Engineering), Toronto, May 2002.